코바늘
다육이

CACTI & OTHER SUCCULENT PLANTS TO MAKE

Crocheted Succulents

코바늘 다육이

초록초록 시들지 않는 반려 식물

엠마 바남 지음 송민경 옮김

미호

Contents

Introduction

와! 여러분에게 이 책을 선보이게 되어 정말 기뻐요! 이렇게 신나게 웃고 폴짝폴짝 뛴 날이 언제였는지 모르겠습니다. 화분 하나를 뜰 때마다 제 얼굴엔 웃음꽃이 활짝 피었는데, 여러분도 같은 기분을 느꼈으면 좋겠어요.

최근 몇 년간 기후가 점점 따뜻해지고 집에서도 다양한 식물을 키우는 사람이 많아지면서, 다육이의 인기가 날로 커졌습니다. 저는 2년쯤 전부터 다육 식물을 키우기 시작했고, 아들도 선인장을 즐겨 모으고 있죠. 저희는 식물을 돌보고 번식시키는 방법을 알려주는 강좌에 함께 참석하기도 했답니다.

그리고 그때, 저희가 모은 식물들을 손뜨개로 만들어 보면 재미있겠다는 생각이 들었습니다. 코바늘 뜨개질의 기법은 이렇게 앙증맞은 녀석들을 만들기에 매우 좋으며, 코바늘 식물이라면 화분에 물을 많이 주거나 적게 줘서 식물을 상하게 할 걱정도 없죠. 또한 이러한 기법에는 매력적인 패턴과 조화미가 가득해, 오묘한 기쁨을 느끼게 될 것입니다.

몇몇 패턴에서는 식물을 꽃과 방울로 장식하여 이국적인 느낌을 살려 주었습니다. 특수사를 이용해 가시와 털을 표현하기도 했죠. 저는 우리 손뜨개 다육이들을 실제 다육 식물, 선인장 화분과 섞어 책장에 진열해 두었는데요. 이 다육이들이 그저 실과 코바늘로 만들어졌다는 걸 알아차리는 손님이 거의 없을 정도로 분간하기가 쉽지 않답니다.

자, 그럼 어서 코바늘을 손에 쥐어보세요. 혹여 화초를 쑥쑥 키우는 재주가 없더라도, 곧 놀랄 만큼 아름다운 실내 정원을 만들어내게 될 테니까요.

뜨개질로 즐거운 시간 보내세요!

작약환, 86쪽

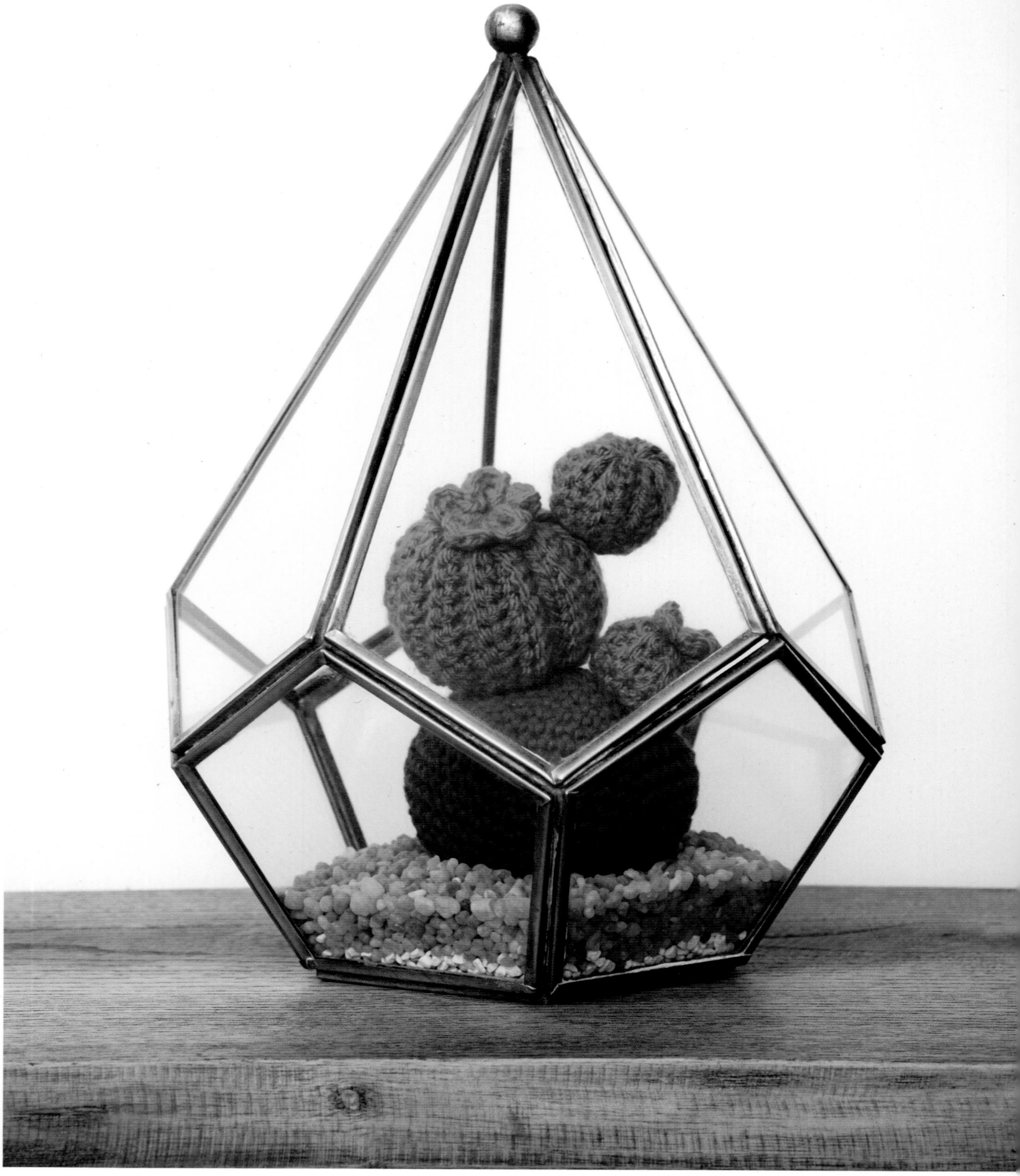

황옥

뜨개질로 인형을 만드는 아미구루미amigurumi 기법을 연습할 수 있는
간단한 다육 패턴입니다. 여기서는 손뜨개 다육을 진짜 화분에 얹어 장식했지만,
다른 컬러의 실을 사용하여 귀엽게 화분을 만들어도 좋습니다.

완성 크기

완성된 다육의 지름은 약 7cm입니다.

준비물

≋ 스타일크래프트 스페셜 DK, 100% 아크릴
(100g 1볼당 295m): 1820 Duck Egg
컬러 1볼

≋ 3.5mm(6호) 코바늘

≋ 10mm 단추 1개(선택 사항)

≋ 폴리에스테르 충전재

≋ 돗바늘

≋ 지름 6cm 정도의 화분

≋ 나무 꼬치

≋ 화분을 채울 플로랄 폼

≋ 화강토

장력

실이 팽팽하게 당겨지지 않도록 느슨히
잡아주세요.

Note

이 다육은 아미구루미의 기본
기법을 이용하여 나선형으로
뜨개질합니다(126쪽 참고).
패턴 각 단의 시작 부분에 표식을
남기면, 몇 번째 단을 뜨고 있는지
파악하는 데 도움이 되죠.

∼∼∼∼∼ 다육

6호 코바늘을 이용하여 매직링을 만듭니다(127쪽 참고).

1단: 사슬뜨기 1개, 짧은뜨기 6개

2단: 한 코에 짧은뜨기 2개*6번 (총 12코)

3단: (짧은뜨기 1개, 한 코에 짧은뜨기 2개)*6번 (총 18코)

4단: (짧은뜨기 2개, 한 코에 짧은뜨기 2개)*6번 (총 24코)

5단: (짧은뜨기 3개, 한 코에 짧은뜨기 2개)*6번 (총 30코)

6단: (짧은뜨기 4개, 한 코에 짧은뜨기 2개)*6번 (총 36코)

7단: (짧은뜨기 5개, 한 코에 짧은뜨기 2개)*6번 (총 42코)

8~12단: 짧은뜨기 42개

13단: (짧은뜨기 5개, 짧은뜨기 2코 모아뜨기 1개)*6번 (총 36코)

14단: (짧은뜨기 4개, 짧은뜨기 2코 모아뜨기 1개)*6번 (총 30코)

15단: (짧은뜨기 3개, 짧은뜨기 2코 모아뜨기 1개)*6번 (총 24코)

16단: (짧은뜨기 2개, 짧은뜨기 2코 모아뜨기 1개)*6번 (총 18코)

폴리에스테르 충전재로 단단하게 속을 채워주세요.

17단: (짧은뜨기 1개, 짧은뜨기 2코 모아뜨기 1개)*6번 (총 12코)

18단: 짧은뜨기 2코 모아뜨기 6개 (총 6코)

실을 끊어 마무리합니다. 다육의 마디를 표현해야 하니,
실을 여유 있게 남겨두세요.

Tip

각양각색의 초록색으로 만든
손뜨개 식물을 모아보면 어떨까요?
한데 모아 배치하면 굉장히 멋질 거예요.
남은 실을 소진하기에도 좋겠죠?

실제 크기

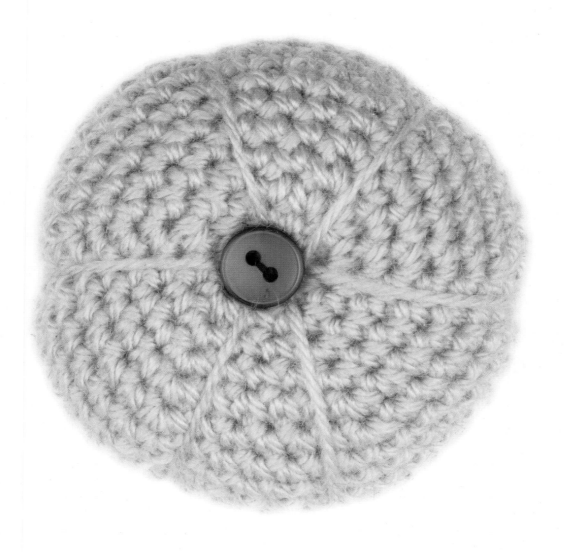

⟳⟳⟳⟳⟳ 완성해봅시다

이제 남은 실을 사용하여 다육의 마디를 표현하세요. 실을 꿴 돗바늘을 밑으로 넣어서
위로 빼줍니다. 다육의 겉면을 따라 실을 위에서 아래로 돌려 밑의 정중앙으로
바늘을 다시 밀어 넣습니다. 마디 간의 간격이 일정하도록 유의하며, 이 작업을 5번
반복해주세요. 세부 장식으로 다육 상단 중앙에 작은 단추를 달 수도 있습니다.
또한, 다육에 시침 핀을 꽂아 가시를 만들고 멋진 핀 쿠션으로 사용해도 좋겠죠.
나무 꼬치를 다육 밑면에 끼워줍니다. 플로랄 폼을 잘라서 화분 속에 넣고, 나무 꼬치의
나머지 부분을 폼에 꽂으세요. 그런 다음 옆의 빈 공간에 화강토를 채웁니다. 138쪽의
패턴 하나를 골라서 손뜨개 화분을 만들 수도 있죠. 또는, 137쪽의 화분 크기에 맞는 흙
패턴을 선택해서 직접 흙을 떠도 좋습니다. 아까 남은 실을 사용해 다육을 흙에 튼튼하게
꿰어준 뒤, 화분에 넣습니다.

변경주

변경주는 누구나 선인장을 상상하면 떠올리는 전형적인 모습입니다.
멕시코와 미국 애리조나의 사막에서 자생하며, 12m 높이까지 자라기도 하죠.
우리가 만들 선인장은 좀 더 작으면서도 흙까지 함께 손뜨개로 만들어
그대로 화분에 쏙 넣어주기만 하면 됩니다.

완성 크기

완성된 선인장의 크기는 높이가 약 10cm,
폭은 6cm 정도입니다.

준비물

- 쉽제스 카토나, 100% 면(50g 1볼당 125m):
  512 Lime 컬러 1볼 (A)
- 쉽제스 카토나, 100% 면(10g 1볼당 25m):
  157 Root Beer 컬러 소량 (B)
- 3.5mm(6호) 코바늘
- 폴리에스테르 충전재
- 돗바늘
- 화훼용 철사
- 지름 6cm 정도의 화분

장력

실이 팽팽하게 당겨지지 않도록 느슨히
잡아주세요.

Note

이 선인장은 아미구루미의 기본
기법을 이용하여 나선형으로
뜨개질합니다(126쪽 참고).
패턴 각 단의 시작 부분에 표식을
남기면, 몇 번째 단을 뜨고 있는지
파악하는 데 도움이 되죠.

6호 코바늘과 (A)실을 이용하여 매직링을 만듭니다
(127쪽 참고).

1단: 사슬뜨기 1개, 짧은뜨기 6개

2단: 한 코에 짧은뜨기 2개*6번 (총 12코)

3단: (짧은뜨기 1개, 한 코에 짧은뜨기 2개)*6번 (총 18코)

4단: (짧은뜨기 2개, 한 코에 짧은뜨기 2개)*6번 (총 24코)

5단: (짧은뜨기 3개, 한 코에 짧은뜨기 2개)*6번 (총 30코)

6단: (짧은뜨기 4개, 한 코에 짧은뜨기 2개)*6번 (총 36코)

7~16단: 짧은뜨기 36개

17단: (짧은뜨기 4개, 짧은뜨기 2코 모아뜨기 1개)*6번 (총 30코)

18~20단: 짧은뜨기 30개

21단: (짧은뜨기 3개, 짧은뜨기 2코 모아뜨기 1개)*6번 (총 24코)

22~24단: 짧은뜨기 24개

25단: 여기서부터 (B)실로 바꿔줍니다. 짧은뜨기 24개

26단: (짧은뜨기 3개, 한 코에 짧은뜨기 2개)*6번 (총 30코)

27~31단: 짧은뜨기 30개

32단: (짧은뜨기 3개, 짧은뜨기 2코 모아뜨기 1개)*6번 (총 24코)

33단: (짧은뜨기 2개, 짧은뜨기 2코 모아뜨기 1개)*6번 (총 18코)

34단: (짧은뜨기 1개, 짧은뜨기 2코 모아뜨기 1개)*6번 (총 12코)

35단: 짧은뜨기 2코 모아뜨기 6개 (총 6코)

실을 끊어 마무리합니다.

실제 크기

작은 선인장 줄기(2개)

6호 코바늘과 (A)실을 이용하여 매직링을 만듭니다(127쪽 참고).

1단: 사슬뜨기 1개, 짧은뜨기 6개

2단: 한 코에 짧은뜨기 2개*6번 (총 12코)

3~6단: 짧은뜨기 12개

7단: (짧은뜨기 1개, 짧은뜨기 2코 모아뜨기 1개)*4번 (총 8코)

실을 끊어 마무리합니다. 실을 여유 있게 남겨두세요.

완성해봅시다

선인장의 몸통과 흙에 폴리에스테르 충전재를 단단하게 채웁니다. 화훼용 철사를 작은 선인장 줄기보다 약간 길게 잘라주세요. 작은 선인장 줄기들도 충전재로 채우고, 화훼용 철사를 가운데에 놓습니다. 철사 끝을 선인장 몸통에 찔러 넣은 다음, 줄기를 몸통에 꿰어 붙입니다. 그러면 작은 줄기를 위로 구부려 멕시코 선인장의 모양을 연출할 수 있죠.

마지막으로 화분에 넣거나, 138쪽의 패턴 가운데 하나를 활용하여 손뜨개 화분을 만들어줍니다.

PACHYCEREUS PRINGLEI

무륜주

코끼리 선인장이라고 불리기도 하는 이 식물의 꽃은 대개 흰색입니다.
하지만 저는 생기가 넘치는 색채를 더하기 위해 밝은 노란색으로 만들었어요.
선인장 줄기의 독특한 굴곡은 이랑뜨기 기법으로 표현했습니다.

완성 크기

완성된 선인장의 크기는 높이가 약 8cm, 폭은 5cm 정도입니다.

준비물

≋ 스타일크래프트 스페셜 DK, 100% 아크릴
(100g 1볼당 295m):
1826 Kelly Green 컬러 1볼 (A)
1081 Saffron 컬러 소량 (B)
1054 Walnut 컬러 1볼 (C)

≋ 3.5mm(6호) 코바늘

≋ 폴리에스테르 충전재

≋ 돗바늘

≋ 지름 6cm 정도의 화분

장력

실이 팽팽하게 당겨지지 않도록 느슨히 잡아주세요.

Note

평면뜨기로 선인장을 표현합니다.
굴곡은 각 코의 뒤쪽 고리에
바늘을 넣어 이랑뜨기를 하면서
만들어집니다(131쪽 참고).

〰〰〰〰 선인장

1단: 6호 코바늘과 (A)실을 이용하여 사슬뜨기로 17코를 만듭니다.

2단(뒷면): 첫 코를 건너 두 번째 사슬코에 첫 짧은뜨기를 한 뒤;
각 사슬코마다 짧은뜨기를 하고 뒤집습니다. (총 16코)

3단: 사슬뜨기 1개, 각 코마다 짧은뜨기로 이랑뜨기를 하고 뒤집습니다. (총 16코)
3단을 패턴으로 잡고 반복해서 18단을 더 떠줍니다.
이제 앞면이 밖으로 오도록 첫 단과 마지막 단을 맞닿게 잡고 이어 뜹니다.

다음 단: 사슬뜨기 1개, 각 코마다 빼뜨기
실을 끊어 마무리합니다. 실을 길게 남겨두세요.

〰〰〰〰 뾰족뾰족한 꽃

6호 코바늘과 (B)실을 이용하여 매직링을 만듭니다(127쪽 참고).

1단: 사슬뜨기 1개, 짧은뜨기 9개를 한 뒤, 빼뜨기로 모아줍니다.

2단: (사슬뜨기 4개를 하고 한 사슬코를 건너 나머지 사슬코를 따라
빼뜨기를 한 뒤 중앙의 같은 코에서 빼뜨기합니다.)
* 다음 코에서 빼뜨기, 사슬뜨기 4개, 한 사슬코 건너 나머지
사슬코를 따라 빼뜨기, 중앙의 같은 코에서 빼뜨기
위의 * 과정을 7번 더 반복합니다.
실을 끊어 마무리합니다. 실을 여유 있게 남겨두세요.

실제 크기

~~~~~~~ **흙**

6호 코바늘과 (C)실을 이용하여 매직링을 만듭니다
(127쪽 참고).

1단: 사슬뜨기 1개, 짧은뜨기 6개

2단: 한 코에 짧은뜨기 2개*6번 (총 12코)

3단: (짧은뜨기 1개, 한 코에 짧은뜨기 2개)*6번 (총 18코)

4단: (짧은뜨기 2개, 한 코에 짧은뜨기 2개)*6번 (총 24코)

5단: 각 코마다 뒤쪽 고리에 짧은뜨기 (총 24코)

6~12단: 짧은뜨기 24개

13단: (짧은뜨기 2개, 짧은뜨기 2코 모아뜨기 1개)*6번 (총 18코)
폴리에스테르 충전재로 속을 단단하게 채웁니다.

14단: (짧은뜨기 1개, 짧은뜨기 2코 모아뜨기 1개)*6번 (총 12코)

15단: 짧은뜨기 2코 모아뜨기*6번 (총 6코)
돗바늘을 이용하여 단의 마지막 짧은뜨기 코를 엮어 구멍을
조여줍니다. 실을 끊어 마무리하고 실을 정리해줍니다.

~~~~~~~ **완성해봅시다**

남긴 실을 이용하여 한쪽 옆면 솔기를 따라 홈질로 꿰맨 뒤, 끝을 조여서
선인장 상단을 만듭니다. 충전재로 속을 단단하게 채웁니다. 꽃은 선인장
상단 부위에 꿰매주세요. 남긴 실로 선인장의 하단을 손뜨개 흙에 꿰어
잘 고정시킵니다. 아니면 나무 꼬치를 선인장 밑으로 꽂아주세요. 화분에
맞게 플로랄 폼을 잘라 넣고, 나무 꼬치를 폼에 끼워 화분에 선인장을
고정시킬 수도 있죠. 그런 다음, 옆의 빈 공간을 화강토로 채웁니다.

몰디드 왁스 아가베

멕시코에서 자생하는 이 작은 다육은 잘 자라면 지름이 20cm 정도에 이르며 유럽에서도 비교적 재배가 어렵지 않습니다. 작은 잎들을 더하면서 커지는 매력적인 방사형 구조는 손뜨개로 재현하기도 쉽죠.

완성 크기

완성된 다육의 지름은 약 7cm입니다.

준비물

≫ 쉽제스 카토나, 100% 면
(50g 1볼당 125m): 512 Lime 컬러 1볼

≫ 3.5mm(6호) 코바늘

≫ 돗바늘

≫ 화훼용 철사

≫ 화분을 채울 플로랄 폼

≫ 화강토

≫ 지름 9cm 정도의 화분

장력

실이 팽팽하게 당겨지지 않도록 느슨히 잡아주세요.

Note

이 다육의 잎은 아미구루미의 기본 기법을 이용하여 나선형으로 뜨개질합니다(126쪽 참고). 패턴 각 단의 시작 부분에 표식을 남기면, 몇 번째 단을 뜨고 있는지 파악하는 데 도움이 되죠. 그런 다음 잎을 같이 꿰어 하나의 식물로 만들어줍니다.

〰〰〰 큰 잎(10개)

6호 코바늘을 이용하여 매직링을 만듭니다(127쪽 참고).

1단: 사슬뜨기 1개, 짧은뜨기 6개
2단: (짧은뜨기 2개, 한 코에 짧은뜨기 2개)*2번 (총 8코)
3단: (짧은뜨기 3개, 한 코에 짧은뜨기 2개)*2번 (총 10코)

4~9단: 짧은뜨기 10개
10단: (짧은뜨기 3개, 짧은뜨기 2코 모아뜨기 1개)*2번 (총 8코)
11단: (짧은뜨기 2개, 짧은뜨기 2코 모아뜨기 1개)*2번 (총 6코)
실을 끊어 마무리합니다. 실을 여유 있게 남겨두세요.

〰〰〰 작은 잎(3개)

6호 코바늘을 이용하여 매직링을 만듭니다(127쪽 참고).

1단: 사슬뜨기 1개, 짧은뜨기 4개
2단: (짧은뜨기 1개, 한 코에 짧은뜨기 2개)*2번 (총 6코)
3단: (짧은뜨기 2개, 한 코에 짧은뜨기 2개)*2번 (총 8코)

4~7단: 짧은뜨기 8개
8단: (짧은뜨기 2개, 짧은뜨기 2코 모아뜨기 1개)*2번 (총 6코)
실을 끊어 마무리합니다. 실을 여유 있게 남겨두세요.

〰〰〰 중앙 잎(3개)

6호 코바늘을 이용하여 매직링을 만듭니다(127쪽 참고).

1단: 사슬뜨기 1개, 짧은뜨기 6개
2단: 다음 코에 사슬뜨기 2개, 빼뜨기

* 다음 코에 빼뜨기, 다음 코에 사슬뜨기 2개, 빼뜨기
위의 * 과정을 반복합니다. (총 고리 3개)

3단: * 사슬코에 빼뜨기, (사슬뜨기 2개, 한길긴뜨기 3개,
사슬뜨기 2개, 빼뜨기 1개)
위의 * 과정을 2번 더 반복합니다. (총 잎 3개).
실을 끊어 마무리합니다. 실을 여유 있게 남겨두세요.

실제 크기

~~~~~~~~ 완성해봅시다

각각의 잎을 반으로 접고 손으로 고르게 눌러줍니다. 다섯 개의 큰 잎을 별 모양으로
배열한 다음, 남겨둔 실을 이용해서 끝단을 함께 꿰매어 놓습니다. 나머지 큰 잎 다섯 개
역시 같은 과정으로 반복하면 다섯 개의 잎들로 만들어진 납작한 별 두 개가 생기죠. 한
별을 다른 별 위에 엇갈리게 놓고 꿰어줍니다. 그런 다음 세 개의
작은 잎을 토끼풀처럼 간격을 둬서 꿰매고 큰 잎들 위에 함께 꿰어줍니다.
마지막으로 중앙의 잎을 한가운데에 꿰매죠.
화훼용 철사를 반으로 접고 다육 밑면의 중간 부분을 통과해 나오게 꿰어줍니다.
플로랄 폼을 화분 크기에 맞게 자르세요. 이제 다육에 꿴 화훼용 철사를 플로랄 폼에
꽂아 식물을 화분에 고정시킵니다. 플로랄 폼이 보이지 않게 화강토를 깔아주세요.

산페드로선인장

이 선인장은 안데스 산맥 고지대에서 자라며 오랫동안 치료와 생약 제조에
쓰여 왔습니다. 산페드로선인장의 꽃은 대개 흰색이지만,
저는 색다른 느낌을 위해 화사한 방울을 만들어 달았어요.

완성 크기

완성된 선인장의 크기는 높이가 약 10cm,
폭은 7cm 정도입니다.

준비물

≫ 로빈 더블 니트, 100% 아크릴
(100g 1볼당 300m):
045 Forest 컬러 1볼 (A)
143 Mint 컬러 1볼 (B)
상단에 달 방울을 만들 실 소량
(컬러는 자유롭게 선택)

≫ 3.5mm(6호) 코바늘

≫ 폴리에스테르 충전재

≫ 돗바늘

≫ 방울 만들 때 사용할 포크

≫ 나무 꼬치

≫ 지름 6cm 정도의 화분

장력

실이 팽팽하게 당겨지지 않도록 느슨히
잡아주세요.

Note

이 선인장은 아미구루미의 기본
기법을 이용하여 나선형으로
뜨개질합니다(126쪽 참고). 패턴 각
단의 시작 부분에 표식을 남기면,
몇 번째 단을 뜨고 있는지
파악하는 데 도움이 되죠.

〰〰〰〰 **선인장**

6호 코바늘과 (A)실을 이용하여 매직링을 만듭니다
(127쪽 참고).

1단: 　사슬뜨기 1개, 짧은뜨기 6개

2단: 　한 코에 짧은뜨기 2개*6번 (12코)

3단: 　(짧은뜨기 1개, 한 코에 짧은뜨기 2개)*6번 (총 18코)

4단: 　(짧은뜨기 2개, 한 코에 짧은뜨기 2개)*6번 (총 24코)

5단: 　(짧은뜨기 3개, 한 코에 짧은뜨기 2개)*6번 (총 30코)

6단: 　(짧은뜨기 4개, 한 코에 짧은뜨기 2개)*6번 (총 36코)

7단: 　(짧은뜨기 5개, 한 코에 짧은뜨기 2개)*6번 (총 42코)

8단: 　(짧은뜨기 6개, 한 코에 짧은뜨기 2개)*6번 (총 48코)

9~16단: 　짧은뜨기 48개

17단: 　(짧은뜨기 6개, 짧은뜨기 2코 모아뜨기 1개)*6번 (총 42코)

18~19단: 　짧은뜨기 42개

20단: 　(짧은뜨기 5개, 짧은뜨기 2코 모아뜨기 1개)*6번 (총 36코)

21단: 　짧은뜨기 36개

22단: 　(짧은뜨기 4개, 짧은뜨기 2코 모아뜨기 1개)*6번 (총 30코)

23단: 　짧은뜨기 30개

24단: 　(짧은뜨기 3개, 짧은뜨기 2코 모아뜨기 1개)*6번 (총 24코)

25단: 　짧은뜨기 24개

26단: 　(짧은뜨기 2개, 짧은뜨기 2코 모아뜨기 1개)*6번 (총 18코)

27단: 　짧은뜨기 18개

28단: 　(짧은뜨기 1개, 짧은뜨기 2코 모아뜨기 1개)*6번 (총 12코)

29단: 　짧은뜨기 2코 모아뜨기 6개 (총 6코)

실을 끊어 마무리합니다. 손뜨개 흙에 꿰어야 하니, 실을
여유 있게 남겨두세요.

실제 크기

～～～～ 흙

6호 코바늘과 (B)실을 이용하여 매직링을 만듭니다 (127쪽 참고).

1단:	사슬뜨기 1개, 짧은뜨기 6개
2단:	한 코에 짧은뜨기 2개*6번 (총 12코)
3단:	(짧은뜨기 1개, 한 코에 짧은뜨기 2개)*6번 (총 18코)
4단:	(짧은뜨기 2개, 한 코에 짧은뜨기 2개)*6번 (총 24코)
5단:	각 코마다 뒤쪽 반 코에 짧은뜨기 (총 24코)

6~12단:	짧은뜨기 24개
13단:	(짧은뜨기 2개, 짧은뜨기 2코 모아뜨기 1개)*6번 (총18코)

폴리에스테르 충전재로 속을 단단하게 채웁니다.

14단:	(짧은뜨기 1개, 짧은뜨기 2코 모아뜨기 1개)*6번 (총 12코)
15단:	짧은뜨기 2코 모아뜨기*6번 (총 6코)

돗바늘을 이용하여 단의 마지막 짧은뜨기 코를 엮어 구멍을 조여줍니다. 실을 끊어 마무리하고 실을 정리해줍니다.

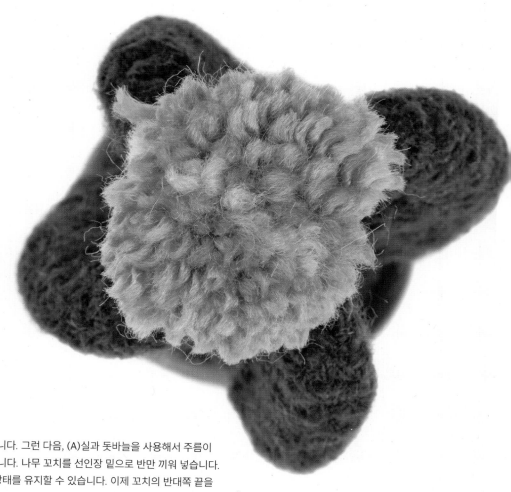

～～～～ 완성해봅시다

선인장 측면을 누르듯 집어 주름 4개를 만듭니다. 그런 다음, (A)실과 돗바늘을 사용해서 주름이 고정되도록 주름 양쪽을 작은 땀으로 꿰어줍니다. 나무 꼬치를 선인장 밑으로 반만 끼워 넣습니다. 나무 꼬치가 들어가면, 선인장이 똑바로 선 상태를 유지할 수 있습니다. 이제 꼬치의 반대쪽 끝을 손뜨개 흙에 찔러 넣습니다.

선인장의 실을 사용해서 선인장이 흙과 떨어지지 않도록 확실하게 꿰어주세요.

자투리 실을 활용해서 포크로 방울을 만들고(135쪽 참고), 완성된 방울은 선인장 상단에 떨어지지 않게 달아줍니다. 138쪽의 패턴 하나를 사용하여 선인장 화분을 제작하거나 작은 테라코타 화분에 넣습니다.

애기무을녀

이 작은 다육은 별 모양의 작은 잎들이 주렁주렁 늘어지는 독특한 형태인데,
이 책에서는 나선형의 여러 줄기를 한데 꿰어 그 모양을 재현했습니다. 알록달록한
색깔의 실을 사용하면 색다른 느낌을 그려낼 수 있죠.

완성 크기

가장 긴 잎의 길이는 약 16cm입니다.

준비물

≫ 쉽제스 시크릿 가든, 60% 폴리에스테르,
20% 실크, 20% 면(50g 1볼당 93m):
702 Herb Garden 컬러 1볼

≫ 3.5mm(6호) 코바늘

≫ 돗바늘

≫ 화분을 채울 플로랄 폼

≫ 15x15cm 크기의 갈색 계열 펠트 1장

≫ 목공 풀

≫ 지름 6cm 정도의 화분

장력

실이 팽팽하게 당겨지지 않도록 느슨히
잡아주세요.

Note

나선형 잎은 하나하나
따로 제작한 뒤 마지막에 함께
꿰매어주세요.

나선형 큰 잎(4개)

1단: 6호 코바늘을 이용하여 사슬뜨기로 34코를 만듭니다.

2단: 바늘로부터 네 번째 사슬코에 한길긴뜨기 1개, 그 다음
        사슬코부터 각 코마다 한길긴뜨기 4개
        빼뜨기하고 실을 끊어 마무리하고 실을 길게 남겨두세요.
        손뜨개한 편물은 자연스럽게 나선형을 이루지만,
        그 느낌을 고르게 주고 싶다면 손가락에 둘러
        나선 모양을 잡아주세요.

나선형 작은 잎(1개)

1단: 6호 코바늘을 이용하여 사슬뜨기로 14코를 만듭니다.

2단: 바늘로부터 네 번째 사슬코에 한길긴뜨기 1개, 그 다음
        사슬코부터 각 코마다 한길긴뜨기 4개
        실을 끊어 마무리하고 실을 길게 남겨두세요.

나선형 중간 잎(4개)

1단: 6호 코바늘을 이용하여 사슬뜨기로 24코를 만듭니다.

2단: 바늘로부터 네 번째 사슬코에 한길긴뜨기 1개, 그 다음
        사슬코부터 각 코마다 한길긴뜨기 4개
        실을 끊어 마무리하고 실을 길게 남겨두세요.

실제 크기

〰〰〰〰 완성해봅시다

남겨둔 실을 이용해 나선형 잎들을 고르게 꿰어줍니다. 플로랄 폼을 화분
크기에 맞게 자르세요. 폼의 상단을 갈색 펠트로 감싸 흙처럼 만듭니다.
목공 풀로 펠트를 폼 측면에 붙여주세요. 이제 펠트를 덮은 폼을 화분에
넣습니다. 그런 다음 꿰어둔 나선형 잎들을 펠트 흙 중앙 부분에 잘 꿰어
줍니다. 화분 가장자리 밖으로 잎을 풍성하게 늘어뜨릴 수 있도록 화분
주변의 공간을 확보한 후 진열합니다.

마우나 로아

이 다육은 잘 자라면 지름이 30cm 정도에 이르며, 화려한 색깔과 잎 테두리의
근사한 주름이 흥미롭습니다. 테두리의 실제 색깔은 암적색이나 진홍색에
가깝겠지만, 이 책에서 저는 선명한 자홍색을 선택했죠.

완성 크기

완성된 다육의 지름은 약 8cm입니다.

준비물

≫ 쉽제스 카토나, 100% 면
(50g 1볼당 125m): 205 Kiwi 컬러 1볼(A)
192 Scarlet 컬러 1볼(B)

≫ 3mm(5호) 코바늘

≫ 돗바늘

≫ 화분을 채울 플로랄 폼

≫ 화훼용 철사

≫ 지름 8cm 정도의 화분

장력

실이 팽팽하게 당겨지지 않도록 느슨히
잡아주세요.

Note

이 다육은 아미구루미의 기본 기법을
이용하여 나선형으로 뜨개질합니다
(126쪽 참고). 패턴 각 단의 시작 부분에
표식을 남기면, 몇 번째 단을 뜨고 있는지
파악하는 데 도움이 되죠.

〰〰〰 프릴 모양의 잎

5호 코바늘과 (A)실을 이용하여 매직링을 만듭니다
(127쪽 참고).

1단:	사슬뜨기 1개, 짧은뜨기 6개
2단:	각 코마다 짧은뜨기 2개 (총 12코)
3단:	각 코마다 짧은뜨기 2개 (총 24코)
4단:	각 코마다 짧은뜨기 2개 (총 48코)
5단:	각 코마다 짧은뜨기 2개 (총 96코)
6단:	각 코마다 짧은뜨기 2개 (총 192코)
7단:	각 코마다 짧은뜨기 2개 (총 384코)
	(A)실을 마무리하고 실을 정리해줍니다.
8단:	(B)실로 바꿔서 사슬뜨기 1개, 각 코마다 짧은뜨기 1개
	실을 끊어 마무리하고 실을 정리해줍니다.

실제 크기

〜〜〜〜〜〜 완성해봅시다

프릴 모양의 잎을 주름이 최대한 많이 지도록 정리하세요. (A)실과 돗바늘을
사용해 다육의 중심을 작게 몇 땀 꿰어 형태를 고정시킵니다. 플로랄 폼을
화분 크기에 맞게 자르세요. 화훼용 철사를 반으로 접고 다육 밑면의 중간
부분을 통과해 나오게 꿰어줍니다. 그런 다음 폼에 철사를 찔러 넣어서
화분에 식물을 고정해주세요.
또는 지름 8cm 크기의 화분에 맞는 흙을 제작하세요(137쪽 참고). 그리고
다육의 중앙을 손뜨개한 흙에 잘 꿰어서 화분에 넣어주면 됩니다.

금호선인장

보시다시피 이 선인장은 나무 술통 모양이라 황금 술통Golden Barrel이라는
이름으로 불려요. 실제로는 가시로 뒤덮여 있지만
우리는 직접 껴안을 수 있는 사랑스러운 버전을 만들 거예요.
이랑의 느낌을 내기 위해 평면뜨기로 작업하며, 크기도 두 가지랍니다.

완성 크기

완성된 작품 중, 작은 선인장의 지름은 약
9cm이고 큰 선인장의 지름은 60cm입니다.

준비물

작은 선인장의 경우:

- 스타일크래프트 스페셜 DK, 100%
  아크릴(100g 1볼당 295m):
  904 Meadow 컬러 1볼

- 3.5mm(6호) 코바늘

- 15mm 단추 1개

- 바늘과 실

- 나무 꼬치

- 폴리에스테르 충전재

- 돗바늘

- 화분을 채울 플로랄 폼

- 화강토

- 지름 6cm 정도의 화분

큰 선인장의 경우:

- 스타일크래프트 스페셜 XL 수퍼 청키,
  100% 아크릴(200g 1볼당 136m):
  1712 Lime 컬러 1볼 (A)

- 스타일크래프트 스페셜 DK, 100%
  아크릴(100g 1볼당 295m):
  1083 Pomegranate 컬러 소량 (B)

- 5mm(8호) 코바늘

- 10mm 코바늘

- 나무 꼬치

- 폴리에스테르 충전재

- 돗바늘

- 화분을 채울 플로랄 폼

- 화강토

- 지름 14cm 정도의 화분

장력

실이 팽팽하게 당겨지지 않도록 느슨히
잡아주세요.

Note

평면뜨기로 선인장을 표현합니다.
굴곡은 각 코의 뒤쪽 반 코에
바늘을 넣어 이랑뜨기를 하면서
만들어집니다(131쪽 참고).

1단:　　　6호 코바늘을 이용하여 사슬뜨기로 21코를 만듭니다.

2단(뒷면):　바늘에서 세 번째 코부터 각 코마다 긴뜨기 1개씩 뜬 뒤,
　　　　　 편물을 다시 뒤집습니다. (총 19코)

3단:　　　사슬뜨기 2개, 각 코마다 긴뜨기로 이랑뜨기 1개씩 뜬 뒤,
　　　　　 다시 뒤집습니다. (총 19코)

3단을 패턴으로 하여 26단을 더 떠줍니다.

이제 앞면이 밖으로 오도록 첫 단과 마지막 단을 맞닿게
잡고 이어 뜹니다.

다음 단:　사슬뜨기 1개, 각 코마다 빼뜨기
　　　　　 실을 끊어 마무리하고 실을 길게 남겨두세요.

～～～～큰 선인장

1단:　　　10mm 코바늘과 (A)실을 이용하여 사슬뜨기로 21코를
　　　　　 만듭니다.

2단(뒷면):　바늘에서 세 번째 코부터 각 코마다 긴뜨기 1개씩 뜬 뒤,
　　　　　 편물을 다시 뒤집습니다. (총 19코)

3단:　　　사슬뜨기 2개, 각 코마다 긴뜨기로 이랑뜨기 1개씩 뜬 뒤,
　　　　　 다시 뒤집습니다. (총 19코)

3단을 패턴으로 하여 26단을 더 떠줍니다.

이제 앞면이 밖으로 오도록 첫 단과 마지막 단을 맞닿게
잡고 이어 뜹니다.

다음 단:　사슬뜨기 1개, 각 코마다 빼뜨기
　　　　　 실을 끊어 마무리하고 실을 길게 남겨두세요.

실제 크기

〰〰〰 꽃

(B)실을 두 겹으로 겹쳐 잡고 8호 코바늘을 이용하여 매직링을 만듭니다(127쪽 참고).

1단: 사슬뜨기 1개, 짧은뜨기 5개, 빼뜨기로 모아줍니다.

2단: 첫 코에 사슬뜨기 2개, 한길긴뜨기 2개, 사슬뜨기 2개, 빼뜨기

  * 다음 코에 빼뜨기 1개, 사슬뜨기 2개, 한길긴뜨기 2개, 사슬뜨기 2개, 빼뜨기 1개

  위의 * 과정을 반복합니다. (총 고리 3개)

  실을 끊어 마무리하세요. 실을 길게 남겨두세요.

〰〰〰 완성해봅시다

남은 실과 돗바늘을 사용하여 양쪽 솔기를 따라 작게 홈질해줍니다. 한 끝을 모은 뒤, 선인장에 폴리에스테르 충전재를 단단히 채웁니다. 반대쪽 끝도 모으세요. 작은 선인장의 상단에 단추를 달고, 바늘이 속을 채운 충전재를 지나게 하여 아래로 뽑아 당깁니다. 매듭을 지어 선인장 상단이 호박처럼 살짝 들어가게 만들어줍니다. 큰 선인장의 상단에는 손뜨개 꽃을 달아준 뒤, 작은 선인장의 경우처럼 바늘은 충전재를 지나게 하여 아래로 당깁니다.

화분 크기에 맞게 플로랄 폼을 자르세요. 작은 선인장의 하단은 나무 꼬치로, 큰 선인장의 하단은 나무 꼬챙이로 찔러줍니다. 나머지 부분은 폼에 끼우고 선인장을 화분에 고정시킵니다. 화분 옆면의 빈 공간은 화강토로 채우세요. 작은 선인장의 경우, 지름 6cm의 화분에 맞는 흙을 제작해도 좋습니다(137쪽 참고). 선인장의 남긴 실을 이용하여 선인장과 흙을 단단히 고정하여 화분에 넣습니다. 138쪽의 패턴 하나를 사용해 화분을 뜰 수도 있죠.

노토칵투스

이 작은 선인장은 브라질에서 자생하며, 바위나 돌담의 틈에서 자라는 것을
흔히 볼 수 있습니다. 이 책에서는 기본 단 위에 펄 감이 있는 특수사나
날개사를 사용해 노토칵투스의 독특한 가시를 표현했어요.

완성 크기

완성된 선인장의 지름은 약 9cm입니다.

준비물

- 로빈 더블 니트, 100% 아크릴(100g 1볼당 300m): 045 Forest 컬러 1볼 (A)
- 리코 디자인 크리에이티브 버블, 100% 폴리에스테르(50g 1볼당 90m): 013 Iridescent White 컬러 1볼 (B)
- 3.5mm(6호) 코바늘
- 폴리에스테르 충전재
- 돗바늘
- 나무 꼬치
- 화분을 채울 플로랄 폼
- 화강토
- 지름 6cm 정도의 화분

장력

실이 팽팽하게 당겨지지 않도록 느슨히 잡아주세요.

Note

평면뜨기로 선인장을 표현합니다.
굴곡은 각 코의 뒤쪽 반 코에
바늘을 넣어 이랑뜨기를 하면서
만들어집니다(131쪽 참고).

선인장

1단: 6호 코바늘과 (A)실을 이용하여 사슬뜨기로 21코를 만듭니다.

2단(뒷면): 바늘에서 세 번째 코부터 각 코마다 긴뜨기 1개씩 뜬 뒤, 편물을 다시 뒤집습니다. (총 19코)

3단: 사슬뜨기 2개, 각 코마다 긴뜨기로 이랑뜨기 1개씩 뜬 뒤, 다시 뒤집습니다. (총 19코)

3단을 패턴으로 하여 26단을 더 떠줍니다.

이제 앞면이 밖으로 오도록 첫 단과 마지막 단을 맞닿게 잡고 이어 뜹니다.

다음 단: 사슬뜨기 1개, 각 코마다 빼뜨기

실을 끊어 마무리하고 실을 길게 남겨두세요.

선인장 가시

(B)실을 사용하여 앞면에 생긴 이랑을 따라 손뜨개합니다.

각 코마다 빼뜨기와 짧은뜨기를 사용하여 뜹니다.

실을 끊어 마무리합니다. 열네 줄의 가시 단이 생길 거예요.

Tip

날개사를 쓰는 것이 까다로울 수 있어요. 밝은 곳에서 손뜨개를 하고 손가락을 이용해 다음 코 진행할 자리를 확인하세요. 그렇다고 너무 걱정하진 마세요. 날개사는 실수로 놓친 코를 티 나지 않게 잘 숨겨주기도 하거든요.

실제 크기

〜〜〜〜〜 완성해봅시다

실과 돗바늘을 사용하여 양쪽 솔기를 따라 작게 홈질합니다.
한 끝을 모아준 뒤, 선인장에 폴리에스테르 충전재를 단단히 채웁니다.
반대쪽 끝도 모으세요. 화분 크기에 맞게 플로랄 폼을 자르세요.
선인장의 하단에 나무 꼬치를 찔러 넣은 뒤, 폼에 꼬치의 나머지를
꽂아서 선인장을 화분에 고정시킵니다. 그런 다음 화분 옆면의 빈 공간을
화강토로 채우세요.
또는, 137쪽의 패턴을 이용하여 지름 6cm의 화분에 맞는 흙을
제작합니다. 선인장의 남은 실을 이용하여 선인장과 흙을 단단히
고정하여 화분에 넣습니다.
138쪽의 패턴 하나를 사용해 화분을 떠도 좋아요.

백은보산

작고 동글동글한 이 선인장은 가시로 덮여 있는데, 저는 두 가지 실을 함께 써서 이 모양을 살려 봤어요. 부드러운 메리노 양모는 선인장의 색감을, 실크와 모헤어가 섞인 실은 복슬복슬한 느낌을 나게 해줍니다.

완성 크기

완성된 작품 중, 큰 선인장의 지름은 약 4.5cm이고 작은 선인장의 지름은 2cm입니다.

준비물

≫ 쉽제스 알파카 리듬, 80% 알파카, 20% 울(25g 1볼당 200m):
654 Robotic 컬러 1볼 (A)
607 Braque 컬러 1볼 (B)

≫ 로완 키드실크 헤이즈, 70% 수퍼키드모헤어, 30% 실크(25g 1볼당 210m): 642 Ghost 컬러 1볼 (C)

≫ 3mm(5호) 코바늘

≫ 폴리에스테르 충전재

≫ 돗바늘

≫ 지름 6cm 정도의 화분

장력

실이 팽팽하게 당겨지지 않도록 느슨히 잡아주세요.

Note

이 선인장은 아미구루미의 기본 기법을 이용하여 나선형으로 뜨개질합니다(126쪽 참고). 패턴 각 단의 시작 부분에 표식을 남기면, 몇 번째 단을 뜨고 있는지 파악하는 데 도움이 되죠. 각 잎들을 하나로 꿰어주면 하나의 식물이 완성됩니다.

⌇⌇⌇⌇⌇⌇ 큰 선인장

(A)실과 (C)실을 같이 잡고 5호 코바늘을 이용하여
매직링을 만듭니다(127쪽 참고).

1단: 사슬뜨기 1개, 짧은뜨기 6개 (총 6코)

2단: 각 코마다 짧은뜨기 2개 (총 12코)

3단: (짧은뜨기 1개, 한 코에 짧은뜨기 2개)*6번 (총 18코)

4단: (짧은뜨기 2개, 한 코에 짧은뜨기 2개)*6번 (총 24코)

5단: (짧은뜨기 3개, 한 코에 짧은뜨기 2개)*6번 (총 30코)

6~9단: 짧은뜨기 30개

10단: (짧은뜨기 3개, 짧은뜨기 2코 모아뜨기 1개)*6번 (총 24코)

11단: (짧은뜨기 2개, 짧은뜨기 2코 모아뜨기 1개)*6번 (총 18코)

12단: (짧은뜨기 1개, 짧은뜨기 2코 모아뜨기 1개)*6번 (총 12코)
소량의 폴리에스테르 충전재로 선인장 속을 채워주세요.

13단: 짧은뜨기 2코 모아뜨기 6개 (총 6코)
돗바늘을 이용하여 마지막 짧은뜨기 코들을 따라 실을 엮어
구멍을 조여줍니다.
실을 끊어 마무리합니다. 나머지 선인장과 이어줘야
하므로, 실을 길게 남겨두세요.

⌇⌇⌇⌇⌇⌇ 중간 크기의 선인장

(A)실과 (C)실을 같이 잡고 5호 코바늘을 이용하여
매직링을 만듭니다(127쪽 참고).

1단: 사슬뜨기 1개, 짧은뜨기 6개 (총 6코)

2단: 각 코마다 짧은뜨기 2개 (총 12코)

3단: (짧은뜨기 2개, 한 코에 짧은뜨기 2개)*4번 (총 16코)

4~5단: 짧은뜨기 16개

6단: (짧은뜨기 2개, 짧은뜨기 2코 모아뜨기 1개)*4번 (총 12코)
소량의 폴리에스테르 충전재로 선인장 속을 채워주세요.

7단: 짧은뜨기 2코 모아뜨기 6개 (총 6코)
돗바늘을 이용하여 마지막 짧은뜨기 코들을 따라 실을 엮어
구멍을 조여줍니다.
실을 끊어 마무리합니다.

실제 크기

미니 선인장(2개)

(A)실과 (C)실을 같이 잡고 5호 코바늘을 이용하여 매직링을 만듭니다(127쪽 참고).

1단: 사슬뜨기 1개, 짧은뜨기 6개 (총 6코)
2단: 각 코마다 짧은뜨기 2개 (총 12코)
3~4단: 짧은뜨기 12개

흙

6호 코바늘과 (B)실을 이용하여 매직링을 만듭니다 (127쪽 참고).

1단: 사슬뜨기 1개, 짧은뜨기 6개
2단: 각 코마다 짧은뜨기 2개 (총 12코)
3단: (짧은뜨기 1개, 한 코에 짧은뜨기 2개)*6번 (총 18코)
4단: (짧은뜨기 2개, 한 코에 짧은뜨기 2개)*6번 (총 24코)
5단: 각 코마다 뒷쪽 반 코에 짧은뜨기 (총 24코)
6~12단: 짧은뜨기 24개

5단: 소량의 폴리에스테르 충전재로 선인장 속을 채워주세요.
짧은뜨기 2코 모아뜨기 6개 (총 6코)
돗바늘을 이용하여 마지막 짧은뜨기 코들을 따라 실을 엮어 구멍을 조여줍니다.
실을 끊어 마무리합니다.

13단: (짧은뜨기 2개, 짧은뜨기 2코 모아뜨기 1개)*6번 (총 18코)
폴리에스테르 충전재로 단단하게 속을 채워주세요.
14단: (짧은뜨기 1개, 짧은뜨기 2코 모아뜨기 1개)*6번 (총 12코)
15단: 짧은뜨기 2코 모아뜨기 6개 (총 6코)
돗바늘을 이용하여 마지막 짧은뜨기 코들을 따라 실을 엮어 구멍을 조여줍니다.
실을 끊어 마무리하고 실을 정리해줍니다.

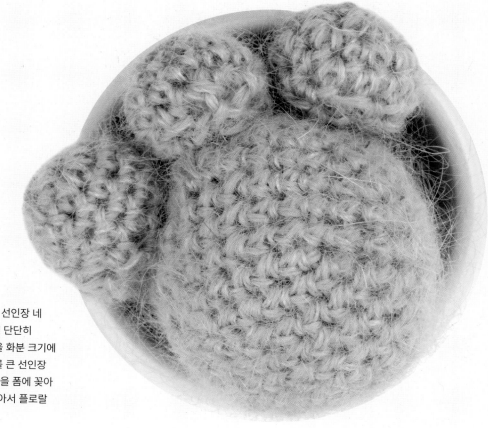

완성해봅시다

큰 선인장에 남겨둔 실과 돗바늘을 이용해 선인장 네 개를 모두 하나로 이어줍니다. 그리고 흙에 단단히 꿰어주세요. 흙을 만드는 대신, 플로랄 폼을 화분 크기에 맞게 잘라줘도 되죠. 나무 꼬치의 반 정도를 큰 선인장 하단으로 밀어 넣어주세요. 이제 나머지 반을 폼에 꽂아 선인장을 화분에 고정합니다. 화강토를 깔아서 플로랄 폼을 가려줍니다.

레드 에보니

실제로 이 예쁜 다육은 대개 은은한 보라색이나 빨간색의 색조를 띱니다.
하지만 손뜨개를 할 때는 원하는 만큼 선명한 분홍색이나 빨간색을 써서 여러분의
선인장 컬렉션에 다양한 색깔을 입힐 수 있죠.

완성 크기

완성된 다육의 지름은 약 11cm입니다.

준비물

〰 쉽제스 카토나, 100% 면
(50g 1볼당 125m): 517 Ruby 컬러 1볼

〰 3.5mm(6호) 코바늘

〰 돗바늘

〰 화훼용 철사

〰 화분을 채울 플로랄 폼

〰 지름 7.5cm 정도의 화분

장력

실이 팽팽하게 당겨지지 않도록 느슨히
잡아주세요.

Note

이 다육은 원형뜨기로
만듭니다. 중앙에서부터
시작해서 아래로 잎의
단을 만들어 나가죠.

〰〰〰〰〰 큰 잎(6개)

6호 코바늘을 이용하여 매직링을 만듭니다(127쪽 참고).

1단:	사슬뜨기 1개, 짧은뜨기 4개
2단:	한 코에 짧은뜨기 2개*4번 (총 8코)
3단:	(짧은뜨기 3개, 한 코에 짧은뜨기 2개)*2번 (총 10코)
4단:	(짧은뜨기 4개, 한 코에 짧은뜨기 2개)*2번 (총 12코)
5단:	(짧은뜨기 5개, 한 코에 짧은뜨기 2개)*2번 (총 14코)
6단:	(짧은뜨기 6개, 한 코에 짧은뜨기 2개)*2번 (총 16코)
7단:	(짧은뜨기 7개, 한 코에 짧은뜨기 2개)*2번 (총 18코)
8~9단:	짧은뜨기 18개
10단:	(짧은뜨기 1개, 짧은뜨기 2코 모아뜨기 1개)*6번 (총 12코)
11단:	짧은뜨기 2코 모아뜨기 6개 (총 6코)

실을 끊어 마무리합니다. 실을 여유 있게 남겨두세요.

〰〰〰〰〰 작은 잎(3개)

6호 코바늘을 이용하여 매직링을 만듭니다(127쪽 참고).

1단:	사슬뜨기 1개, 짧은뜨기 4개
2단:	한 코에 짧은뜨기 2개*4번 (총 8코)
3단:	(짧은뜨기 3개, 한 코에 짧은뜨기 2개)*2번 (총 10코)
4단:	(짧은뜨기 4개, 한 코에 짧은뜨기 2개)*2번 (총 12코)
5단:	(짧은뜨기 5개, 한 코에 짧은뜨기 2개)*2번 (총 14코)
6~7단:	짧은뜨기 14개
8단:	(짧은뜨기 1개, 짧은뜨기 2코 모아뜨기 1개)*4번, 짧은뜨기 2개 (총 10코)
9단:	짧은뜨기 2코 모아뜨기 5개 (총 5코)

실을 끊어 마무리합니다. 실을 여유 있게 남겨두세요.

〰〰〰〰〰 중심부 잎

6호 코바늘을 이용하여 매직링을 만듭니다(127쪽 참고).

1단:	사슬뜨기 1개, 짧은뜨기 6개, 빼뜨기로 모아줍니다.
2단:	다음 코에 사슬뜨기 2개, 빼뜨기

* 다음 코에 빼뜨기, 다음 코에 사슬뜨기 2개, 빼뜨기
위의 * 과정을 반복합니다. (총 고리 3개)

3단:	* 사슬코에 빼뜨기, 사슬코에(사슬뜨기 2개, 한길긴뜨기 1개, 사슬뜨기 2개, 첫 사슬코에 빼뜨기, 한길긴뜨기 1개, 사슬뜨기 2개, 빼뜨기 1개)

위의 * 과정을 2번 더 반복합니다. (총 잎 3개).
실을 끊어 마무리합니다. 실을 여유 있게 남겨두세요.

실제 크기

〰〰〰〰〰 완성해봅시다

각각의 잎을 반으로 접고 손으로 납작하게 누르세요. 세 개의 큰 잎을 별 모양으로 배열합니다.
실의 꼬리와 돗바늘을 이용해 끝단을 함께 잇습니다. 나머지 세 개의 잎으로 비슷하게 별
모양을 만듭니다. 한 별을 다른 별 위에 엇갈리게 놓고 꿰어줍니다. 그런 다음 세 개의 작은 잎을
토끼풀처럼 간격을 주어 배열합니다. 이 잎들을 함께 이은 뒤, 큰 잎들 위에 얹어 같이 꿰어
줍니다. 마지막으로, 중앙의 잎을 한가운데에 꿰어주세요. 화훼용 철사를 반으로 접고 다육
밑면의 중간 부분을 통과해 나오게 꿰어줍니다. 플로랄 폼을 화분 크기에 맞게 자르고 다육에
꿴 화훼용 철사를 플로랄 폼에 꽂아 식물을 화분에 고정시킵니다.

알로에 베라

피부 진정 효과를 가지고 있는 알로에 베라는 사람들에게 인기 만점이죠.
알로에 베라의 잎은 60cm 높이까지 자라기도 하지만,
손뜨개 식물은 선반에 잘 어울릴 크기로 만듭니다.

완성 크기

각각의 완성된 알로에 베라 잎은 높이가
11cm 정도입니다.

준비물

◊ 제임스 C. 브렛 코튼 온 50% 면,
50% 아크릴(50g 1볼당 145m):
16 Lime 컬러 1볼

◊ 3.5mm(6호) 코바늘

◊ 화훼용 철사

◊ 돗바늘

◊ 나무 꼬치

◊ 화분을 채울 플로랄 폼

◊ 화강토

◊ 지름 11cm 정도의 화분

장력

실이 팽팽하게 당겨지지 않도록 느슨히
잡아주세요.

Note

알로에 베라 잎은 아미구루미의
기본 기법을 이용하여 나선형으로
뜨개질합니다(126쪽 참고).
패턴 각 단의 시작 부분에 표식을 남기면,
몇 번째 단을 뜨고 있는지
파악하는 데 도움이 되죠. 각 잎들을
하나로 꿰어주면 하나의
식물이 완성됩니다.

큰 잎(11개)

6호 코바늘을 이용하여 매직링을 만듭니다(127쪽 참고).

1단: 사슬뜨기 1개, 짧은뜨기 4개

2단: 각 코마다 짧은뜨기 1개 (총 4코)

3단: 짧은뜨기 3개, 한 코에 짧은뜨기 2개 (총 5코)

4~5단: 짧은뜨기 5개

6단: 짧은뜨기 4개, 한 코에 짧은뜨기 2개 (총 6코)

7~10단: 짧은뜨기 6개

11단: 짧은뜨기 5개, 한 코에 짧은뜨기 2개 (총 7코)

12~16단: 짧은뜨기 7개

17단: 짧은뜨기 6개, 한 코에 짧은뜨기 2개 (총 8코)

18~21단: 짧은뜨기 8개

22단: 짧은뜨기 7개, 한 코에 짧은뜨기 2개 (총 9코)

23~24단: 짧은뜨기 9개

실을 끊어 마무리합니다. 실을 여유 있게 남겨두세요.

실제 크기

〰〰〰〰 완성해봅시다

각각의 잎에 화훼용 철사를 넣어 여러분이 생각하는
방식에 맞춰 잎을 구부리고 배치하세요. 세 잎을
함께 두어 중심을 잡고 하단을 서로 단단히 이어
주세요. 그런 다음, 다른 잎들을 중앙 부위 바깥으로
꿰어 잎을 포개줍니다. 나무 꼬치 서너 개를 집어,
하나는 중앙의 잎에, 세 개는 바깥의 잎에 넣으세요.
플로랄 폼을 화분 크기에 맞게 자르고 나무 꼬치를
폼에 찔러 넣어 화분에 식물을 고정시킵니다.
그 위에 화강토를 채워 폼을 가려주세요.

금오모자

이 선인장은 멕시코와 애리조나에서 자생하며, 높이 60cm까지 자라기도 합니다.
중심이 되는 줄기는 따로 없지만, 타원형의 줄기에서 마디를 내어
다시 타원형의 줄기가 자라는 방법으로 군생하죠.
금오모자의 가시는 찔리면 고통을 유발하지만, 이 책에서는 작은
시드 비즈를 달아 주는 방식으로 덜 무섭게 재현했습니다.

완성 크기

완성된 선인장의 크기는 높이가 약 10cm,
폭은 4cm 정도입니다.

준비물

◟ 쉽제스 카토나, 100% 면(50g 1볼당 125m):
   244 Spruce 컬러 1볼 (A)

◟ 쉽제스 카토나, 100% 면(10g 1볼당 25m):
   157 Root Beer 컬러 1볼 (B)

◟ 3.5mm(6호) 코바늘

◟ 폴리에스테르 충전재

◟ 돗바늘

◟ 흰색 시드 비즈 100여 개

◟ 검은색 면실

◟ 비즈 바늘

◟ 나무 꼬치

◟ 지름 6cm 정도의 화분

장력

실이 팽팽하게 당겨지지 않도록 느슨히
잡아주세요.

Note

이 선인장은 아미구루미의 기본 기법을
이용하여 나선형으로 뜨개질합니다
(126쪽 참고). 패턴 각 단의 시작 부분에
표식을 남기면, 몇 번째 단을 뜨고 있는지
파악하는 데 도움이 되죠.

실제 크기

큰 잎

6호 코바늘과 (A)실을 이용하여 매직링을 만듭니다
(127쪽 참고).

1단:	사슬뜨기 1개, 짧은뜨기 5개
2단:	각 코마다 짧은뜨기 2개 (총 10코)
3단:	(짧은뜨기 4개, 한 코에 짧은뜨기 2개)*2번 (총 12코)
4단:	(짧은뜨기 5개, 한 코에 짧은뜨기 2개)*2번 (총 14코)
5단:	(짧은뜨기 6개, 한 코에 짧은뜨기 2개)*2번 (총 16코)
6단:	(짧은뜨기 7개, 한 코에 짧은뜨기 2개)*2번 (총 18코)
7단:	(짧은뜨기 8개, 한 코에 짧은뜨기 2개)*2번 (총 20코)
8단:	(짧은뜨기 9개, 한 코에 짧은뜨기 2개)*2번 (총 22코)
9~11단:	짧은뜨기 22개
12단:	(짧은뜨기 9개, 짧은뜨기 2코 모아뜨기 1개)*2번 (총 20코)
13단:	짧은뜨기 20개
14단:	(짧은뜨기 8개, 짧은뜨기 2코 모아뜨기 1개)*2번 (총 18코)
15단:	짧은뜨기 18개
16단:	(짧은뜨기 7개, 짧은뜨기 2코 모아뜨기 1개)*2번 (총 16코)
17단:	짧은뜨기 16개
18단:	(짧은뜨기 6개, 짧은뜨기 2코 모아뜨기 1개)*2번 (총 14코)
19단:	짧은뜨기 14개
20단:	(짧은뜨기 5개, 짧은뜨기 2코 모아뜨기 1개)*2번 (총 12코)
21단:	짧은뜨기 12개
22단:	(짧은뜨기 4개, 짧은뜨기 2코 모아뜨기 1개)*2번 (총 10코)

실을 끊어 마무리합니다.

흙과 이어줘야 하므로, 실을 여유 있게 남겨두세요.

중간 크기 잎

6호 코바늘과 (A)실을 이용하여 매직링을 만듭니다
(127쪽 참고).

1단:	사슬뜨기 1개, 짧은뜨기 5개
2단:	각 코마다 짧은뜨기 2개 (총 10코)
3단:	(짧은뜨기 4개, 한 코에 짧은뜨기 2개)*2번 (총 12코)
4단:	(짧은뜨기 5개, 한 코에 짧은뜨기 2개)*2번 (총 14코)
5단:	(짧은뜨기 6개, 한 코에 짧은뜨기 2개)*2번 (총 16코)
6단:	(짧은뜨기 7개, 한 코에 짧은뜨기 2개)*2번 (총 18코)
7단:	(짧은뜨기 8개, 한 코에 짧은뜨기 2개)*2번 (총 20코)
8~10단:	짧은뜨기 20개
11단:	(짧은뜨기 8개, 짧은뜨기 2코 모아뜨기 1개)*2번 (총 18코)
12단:	짧은뜨기 18개
13단:	(짧은뜨기 7개, 짧은뜨기 2코 모아뜨기 1개)*2번 (총 16코)
14단:	짧은뜨기 16개
15단:	(짧은뜨기 6개, 짧은뜨기 2코 모아뜨기 1개)*2번 (총 14코)
16단:	짧은뜨기 14개
17단:	(짧은뜨기 5개, 짧은뜨기 2코 모아뜨기 1개)*2번 (총 12코)
18단:	짧은뜨기 12개
19단:	(짧은뜨기 4개, 짧은뜨기 2코 모아뜨기 1개)*2번 (총 10코)

실을 끊어 마무리합니다.

흙과 이어줘야 하므로, 실을 여유 있게 남겨두세요.

⌇⌇⌇⌇⌇ 작은 잎

6호 코바늘과 (A)실을 이용하여 매직링을 만듭니다
(127쪽 참고).

1단: 사슬뜨기 1개, 짧은뜨기 5개

2단: 각 코마다 짧은뜨기 2개 (총 10코)

3단: (짧은뜨기 4개, 한 코에 짧은뜨기 2개)*2번 (총 12코)

4단: (짧은뜨기 5개, 한 코에 짧은뜨기 2개)*2번 (총 14코)

5~6단: 짧은뜨기 14개

7단: (짧은뜨기 5개, 짧은뜨기 2코 모아뜨기 1개)*2번 (총 12코)

8단: 짧은뜨기 12개

9단: (짧은뜨기 4개, 짧은뜨기 2코 모아뜨기 1개)*2번 (총 10코)

10단: 짧은뜨기 2코 모아뜨기 5개 (총 5코)

실을 끊어 마무리합니다. 흙과 이어줘야 하므로,
실을 여유 있게 남겨두세요.

⌇⌇⌇⌇⌇ 흙

6호 코바늘과 (C)실을 이용하여 매직링을 만듭니다(127쪽 참고).

1단: 사슬뜨기 1개, 짧은뜨기 6개

2단: 각 코마다 짧은뜨기 2개 (12코)

3단: (짧은뜨기 1개, 한 코에 짧은뜨기 2개)*6번 (18코)

4단: (짧은뜨기 2개, 한 코에 짧은뜨기 2개)*6번 (24코)

5단: 각 코마다 뒤쪽 반 코에 짧은뜨기 (24코)

6~12단: 짧은뜨기 24개

13단: (짧은뜨기 2개, 짧은뜨기 2코 모아뜨기 1개)*6번 (18코)

폴리에스테르 충전재로 속을 단단하게 채웁니다.

14단: (짧은뜨기 1개, 짧은뜨기 2코 모아뜨기 1개)*6번 (12코)

15단: 짧은뜨기 2코 모아뜨기*6번 (6코)

실을 끊어 마무리하고 실을 정리해줍니다.

⌇⌇⌇⌇⌇ 완성해봅시다

각각의 잎을 손바닥으로 납작하게 눌러주세요. 검은색 면실과 비즈 바늘을 이용해
잎 표면에 흰색 시즈 비드를 붙입니다. 대략 각 단의 세 번째 코마다 구슬을 달면 됩니다.
너무 정확하게 맞추지 마세요. 흐트러진 패턴이 더 자연스럽거든요
(이 기법에 관한 세부 설명은 134쪽을 참고하세요).
큰 잎의 테두리에 작은 잎을 꿰어줍니다. 나무 꼬치는 큰 잎과 중간 크기 잎의 하단으로 밀어
넣고, 나머지 부분을 흙에 꽂습니다. 남겨둔 실을 사용해 식물을
흙에 잘 고정시켜주세요. 마지막으로 작은 화분에 넣습니다.

골든 토치

이 선인장은 남미, 특히 아르헨티나에서 주로 자생합니다. 약 2m 높이까지
자라기도 하죠. 저는 색다른 결을 표현하려고 편물의 앞뒤를 바꿔 봤어요.
골든 토치의 꽃은 대개 흰색이지만, 이 책에서는 분홍색으로 만들어서
색채감을 더해줬답니다.

완성 크기

완성되었을 때, 큰 선인장의 높이는 약 7cm
정도입니다.

준비물

⟫ 스타일크래프트 스페셜 DK, 100% 아크릴
(100g 1볼당 295m):
904 Meadow 컬러 1볼(A)
1833 Blush 컬러 소량(B)
1054 Walnut 컬러 1볼(C)

⟫ 3.5mm(6호) 코바늘

⟫ 폴리에스테르 충전재

⟫ 돗바늘

⟫ 나무 꼬치

⟫ 화분을 채울 플로랄 폼

⟫ 화강토

⟫ 지름 9cm 정도의 화분

장력

실이 팽팽하게 당겨지지 않도록 느슨히
잡아주세요.

Note

이 선인장은 아미구루미의 기본
기법을 이용하여 나선형으로
뜨개질합니다(126쪽 참고).
패턴 각 단의 시작 부분에 표식을
남기면, 몇 번째 단을 뜨고 있는지
파악하는 데 도움이 되죠.

키 큰 선인장(3개)

6호 코바늘과 (A)실을 이용하여 매직링을 만듭니다
(127쪽 참고).

1단: 사슬뜨기 1개, 짧은뜨기 6개, 빼뜨기

2단: 각 코마다 짧은뜨기 2개 (총 12코)

3단: (짧은뜨기 1개, 한 코에 짧은뜨기 2개)*6번 (총 18코)

4~18단: 짧은뜨기 18개

실을 끊어 마무리합니다. 실을 여유 있게 남겨두세요.

작은 선인장

6호 코바늘과 (A)실을 이용하여 매직링을 만듭니다
(127쪽 참고).

1단: 사슬뜨기 1개, 짧은뜨기 6개, 빼뜨기

2단: 각 코마다 짧은뜨기 2개 (총 12코)

3단: (짧은뜨기 2개, 한 코에 짧은뜨기 2개)*4번 (총 16코)

4~11단: 짧은뜨기 16개

실을 끊어 마무리합니다. 실을 여유 있게 남겨두세요.

꽃눈

6호 코바늘과 (B)실을 이용하여 매직링을 만듭니다(127쪽 참고).

1단: 사슬뜨기 1개, 짧은뜨기 9개. 빼뜨기

실을 끊어 마무리합니다. 실을 여유 있게 남겨두세요.

실제 크기

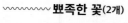 **뾰족한 꽃 (2개)**

6호 코바늘과 (B)실을 이용하여 매직링을 만듭니다(127쪽 참고).

1단: 사슬뜨기 1개, 짧은뜨기 9개. 빼뜨기

2단: (사슬뜨기 4개를 하고 한 코 건너 나머지 사슬코를 따라
빼뜨기를 한 뒤 중앙의 같은 코에서 빼뜨기합니다).
* 다음 코에서 빼뜨기, 사슬뜨기 4개, 한 코 건너
나머지 사슬코를 따라 빼뜨기 중앙의 같은 코에서 빼뜨기
위의 *과정을 7번 더 반복합니다
실을 끊어 마무리합니다. 실을 여유 있게 남겨두세요.

흙

6호 코바늘과 (C)실을 이용하여 매직링을 만듭니다.

1단: 사슬뜨기 1개, 짧은뜨기 6개
2단: 각 코마다 한 코에 짧은뜨기 2개 (총 12코)
3단: (짧은뜨기 1개, 한 코에 짧은뜨기 2개)*6번 (총 18코)
4단: (짧은뜨기 2개, 한 코에 짧은뜨기 2개)*6번 (총 24코)
5단: (짧은뜨기 3개, 한 코에 짧은뜨기 2개)*6번 (총 30코)
6단: (짧은뜨기 4개, 한 코에 짧은뜨기 2개)*6번 (총 36코)
7단: (짧은뜨기 5개, 한 코에 짧은뜨기 2개)*6번 (총 42코)
8단: (짧은뜨기 6개, 한 코에 짧은뜨기 2개)*6번 (총 48코)
9단: (짧은뜨기 7개, 한 코에 짧은뜨기 2개)*6번 (총 54코)
10~14단: 짧은뜨기 54개
15단: (짧은뜨기 7개, 짧은뜨기 2코 모아뜨기 1개)*6번 (총 48코)
16단: (짧은뜨기 6개, 짧은뜨기 2코 모아뜨기 1개)*6번 (총 42코)
17단: (짧은뜨기 5개, 짧은뜨기 2코 모아뜨기 1개)*6번 (총 36코)
18단: (짧은뜨기 4개, 짧은뜨기 2코 모아뜨기 1개)*6번 (총 30코)
19단: (짧은뜨기 3개, 짧은뜨기 2코 모아뜨기 1개)*6번 (총 24코)
20단: (짧은뜨기 2개, 짧은뜨기 2코 모아뜨기 1개)*6번 (총 18코)
폴리에스테르 충전재로 단단하게 속을 채워주세요.
21단: (짧은뜨기 1개, 짧은뜨기 2코 모아뜨기 1개)*6번 (총 12코)
22단: 짧은뜨기 2코 모아뜨기 6개 (총 6코)
실을 끊어 마무리하고 실을 정리해줍니다.

완성해봅시다

모든 선인장을 속이 밖으로 나오도록 뒤집습니다. 각
선인장 상단의 실을 정리하고, 속을 충전재로 단단하게
채워줍니다.
키 큰 선인장 상단에 꽃을, 작은 선인장에는 꽃눈을 달아
주세요. 남겨둔 실을 이용해 각 선인장을 손뜨개한 흙에
잘 꿰어준 다음 화분에 넣습니다

연성각

키가 크고 나무처럼 생긴 이 선인장은 주로 남아메리카와 카리브해 연안 지역에서
자생합니다. 연성각은 청록색을 띠기도 해서 청록색 실을 사용해서
그 색을 나타내 봤어요. 또한 팝콘뜨기로 울퉁불퉁한 가시를 재현했죠.

완성 크기

완성된 선인장의 크기는 높이가 약 10cm,
폭은 9cm 정도입니다.

준비물

≋ 쉽제스 칼리스타, 100% 면
(50g 1볼당 85m):
401 Dark Teal 컬러 1볼(A)
157 Root Beer 컬러 1볼(B)

≋ 4mm(7호) 코바늘

≋ 폴리에스테르 충전재

≋ 돗바늘

≋ 지름 9cm 정도의 화분

장력

실이 팽팽하게 당겨지지 않도록 느슨히
잡아주세요.

Note

이 선인장은 아미구루미의 기본
기법을 이용하여 나선형으로
뜨개질합니다(126쪽 참고).
팝콘뜨기를 활용하면 울퉁불퉁한
부분을 만들어낼 수 있죠
(129쪽 참고).

선인장

7호 코바늘과 (A)실을 이용하여 매직링을 만듭니다
(127쪽 참고).

1단: 사슬뜨기 1개, 짧은뜨기 6개

2단: 각 코마다 한 코에 짧은뜨기 2개 (총 12코)

3단: (짧은뜨기 1개, 한 코에 짧은뜨기 2개)*6번 (총 18코)

4단: (짧은뜨기 2개, 한 코에 짧은뜨기 2개)*6번 (총 24코)

5단: (팝콘뜨기 1개, 짧은뜨기 2개, 한 코에 짧은뜨기 2개)*6번
(총 30코)

6단: (짧은뜨기 4개, 한 코에 짧은뜨기 2개)*6번 (총 36코)

7단: (팝콘뜨기 1개, 짧은뜨기 4개, 한 코에 짧은뜨기 2개)*6번
(총 42코)

8단: (짧은뜨기 6개, 한 코에 짧은뜨기 2개)*6번 (총 48코)

9단: (팝콘뜨기 1개, 짧은뜨기 7개)*6번 (총 48코)

10단: 짧은뜨기 48개

11~14단: 9단과 10단의 방법을 두 차례 반복합니다.

15단: (팝콘뜨기 1개, 짧은뜨기 7개)*6번 (총 48코)

16단: (짧은뜨기 6개, 짧은뜨기 2코 모아뜨기 1개)*6번 (총 42코)

17단: (팝콘뜨기 1개, 짧은뜨기 6개)*6번 (총 42코)

18단: (짧은뜨기 5개, 짧은뜨기 2코 모아뜨기 1개)*6번 (총 36코)

19단: (팝콘뜨기 1개, 짧은뜨기 5개)*6번 (총 36코)

20단: (짧은뜨기 4개, 짧은뜨기 2코 모아뜨기 1개)*6번 (총 30코)

21단: (팝콘뜨기 1개, 짧은뜨기 4개)*6번 (총 30코)

22단: (짧은뜨기 3개, 짧은뜨기 2코 모아뜨기 1개)*6번 (총 24코)

23단: (팝콘뜨기 1개, 짧은뜨기 3개)*6번 (총 24코)

24단: (짧은뜨기 2개, 짧은뜨기 2코 모아뜨기 1개)*6번 (총 18코)
실을 끊어 마무리합니다. 실을 여유 있게 남겨두세요.

실제 크기

흙

6호 코바늘과 (B)실을 이용하여 매직링을 만듭니다.

1단: 사슬뜨기 1개, 짧은뜨기 6개

2단: 각 코마다 한 코에 짧은뜨기 2개 (총 12코)

3단: (짧은뜨기 1개, 한 코에 짧은뜨기 2개)*6번 (총 18코)

4단: (짧은뜨기 2개, 한 코에 짧은뜨기 2개)*6번 (총 24코)

5단: (짧은뜨기 3개, 한 코에 짧은뜨기 2개)*6번 (총 30코)

6단: (짧은뜨기 4개, 한 코에 짧은뜨기 2개)*6번 (총 36코)

7~14단: 짧은뜨기 36개

15단: (짧은뜨기 4개, 짧은뜨기 2코 모아뜨기 1개)*6번 (총 30코)

16단: (짧은뜨기 3개, 짧은뜨기 2코 모아뜨기 1개)*6번 (총 24코)

17단: (짧은뜨기 2개, 짧은뜨기 2코 모아뜨기 1개)*6번 (총 18코)
        폴리에스테르 충전재로 단단하게 속을 채워주세요.

18단: (짧은뜨기 1개, 짧은뜨기 2코 모아뜨기 1개)*6번 (총 12코)

19단: 짧은뜨기 2코 모아뜨기 6개 (총 6코)
        돗바늘을 이용하여 마지막 짧은뜨기 코들을 따라 실을
        엮어서 구멍을 조여줍니다. 실을 끊어 마무리하고 실을
        정리해줍니다.

완성해봅시다

선인장 속을 꽉 채웁니다. 돗바늘과 남긴 실을 이용해 손뜨개
마지막 단을 따라 작은 땀을 몇 개 놓고 살짝 잡아당겨서 끝을
모아주세요. 선인장의 남은 실로
선인장과 흙을 단단히 꿰어 화분에 넣습니다.
아니면 손뜨개 흙을 사용하는 대신, 실을 이용해
선인장 마지막 단의 코를 잡고, 선인장 하단으로 나무 꼬치를
밀어 넣어주세요. 화분 크기에 맞게 플로랄 폼을 자르고
나무 꼬치를 폼에 끼운 다음, 선인장을 화분에 고정시킵니다.
마지막으로 화분 옆면을 화강토로 채워줍니다.

북두각

북두각은 33m 높이까지 자라기도 합니다. 이 선인장을 실제 그대로의 색으로
만든다면, 사실 가시를 적갈색이나 암갈색으로 표현해야 해요.
노토칵투스처럼 북두각의 가시도 펄 감이 있는 특수사나 날개사로 만들기 때문에,
그런 느낌을 좋아한다면 둘 다 만들어 함께 진열하면 좋아요.

완성 크기

완성된 선인장의 크기는 높이가 약 8cm,
폭은 6cm 정도입니다.

준비물

◌ 로빈 더블 니트, 100% 아크릴
  (100g 1볼당 300m):
  045 Forest 컬러 1볼(A)
  143 Mink 컬러 소량(B)

◌ 리코 디자인 크리에이티브 버블, 100%
  폴리에스테르(50g 1볼당 90m):
  002 Yellow 컬러 1볼(C)

◌ 3.5mm(6호) 코바늘

◌ 돗바늘

◌ 폴리에스테르 충전재

◌ 지름 6cm 정도의 화분

장력

실이 팽팽하게 당겨지지 않도록 느슨히
잡아주세요.

Note

평면뜨기로 선인장을 표현합니다.
굴곡은 각 코의 뒤쪽 반 코에
바늘을 넣어 이랑뜨기를 하면서
만들어집니다(131쪽 참고).

〰〰〰 선인장

1단: 6호 코바늘과 (A)실을 이용하여 사슬뜨기로 17코를 만듭니다.

2단(뒷면): 바늘에서 세 번째 사슬코부터 각 코마다 긴뜨기 1개씩 뜬 뒤, 편물을 다시 뒤집습니다. (총 15코)

3단: 사슬뜨기 2개, 각 코마다 긴뜨기로 이랑뜨기 1개씩 뜬 뒤, 다시 뒤집습니다. (총 15코)

3단을 패턴으로 하여 12단을 더 떠줍니다.

이제 앞면이 밖으로 오도록 첫 단과 마지막 단을 맞닿게 잡고 이어 뜹니다.

다음 단: 사슬뜨기 1개, 각 코마다 빼뜨기

실을 끊어 마무리하고 실을 길게 남겨두세요.

〰〰〰 선인장 가시

6호 코바늘과 (B)실을 사용하여 긴뜨기로 생긴 앞면의 이랑을 따라 손뜨개합니다. 각 코마다 빼뜨기와 짧은뜨기를 사용하여 실을 달아주세요. 실을 끊어 마무리합니다. 일곱 줄의 가시 단이 생길 거예요.

실제 크기

~~~~~~~~~**흙**

6호 코바늘과 (C)실을 이용하여 매직링을 만듭니다
(127쪽 참고).

1단: 사슬뜨기 1개, 짧은뜨기 6개

2단: 각 코마다 짧은뜨기 2개 (총 12코)

3단: (짧은뜨기 1개, 한 코에 짧은뜨기 2개)*6번 (총 18코)

4단: (짧은뜨기 2개, 한 코에 짧은뜨기 2개)*6번 (총 24코)

5단: 각 코마다 뒤쪽 고리에 짧은뜨기 (총 24코)

6~12단: 짧은뜨기 24개

13단: (짧은뜨기 2개, 짧은뜨기 2코 모아뜨기 1개)*6번 (총 18코)
폴리에스테르 충전재로 속을 단단하게 채웁니다.

14단: (짧은뜨기 1개, 짧은뜨기 2코 모아뜨기 1개)*6번 (총 12코)

15단: 짧은뜨기 2코 모아뜨기*6번 (총 6코)
돗바늘을 이용하여 단의 마지막 짧은뜨기 코를 엮어 구멍을
조여줍니다. 실을 끊어 마무리하고 실을 정리합니다.

~~~~~~~~~ **완성해봅시다**

실을 정리한 뒤, 양쪽 솔기를 따라 작게 홈질해 끝을 모아
줍니다. 선인장을 충전재로 꽉 채우세요. 선인장의 남은 실을
이용해, 식물을 흙에 잘 고정하고 화분에 넣습니다. 그 대신에
화분 크기에 맞게 플로랄 폼을 잘라도 됩니다.
나무 꼬치를 선인장 하단으로 밀어 넣고 꼬치의 나머지 부분을
폼에 찔러서 선인장을 화분에 고정합니다. 그런 다음 화분
옆면을 화강토로 채워주세요. 138쪽의 패턴을 사용해 선인장
화분을 제작할 수도 있죠.

난봉옥

이 조그마한 선인장은 잘 자라면 지름 20cm 정도까지 자라기도 합니다.
난봉옥에는 가시가 없지만, 대신 비늘이 있어요.
대개 3~7개 남짓 골이 지는 모양으로 이루어지는데,
이 책에서는 6개 조각을 각각 손뜨개해서 이어 주었답니다.

완성 크기

완성된 선인장의 지름은 약 8cm입니다.

준비물

≫ 쉽제스 메리노 소프트, 50% 울, 25%
극세사, 25% 아크릴(50g 1볼당 105m):
626 Kahlo 컬러 1볼

≫ 3.5mm(6호) 코바늘

≫ 폴리에스테르 충전재

≫ 돗바늘

≫ 나무 꼬치

≫ 화분을 채울 플로랄 폼

≫ 화강토

≫ 지름 6cm 정도의 화분

장력

실이 팽팽하게 당겨지지 않도록 느슨히
잡아주세요.

Note

이 선인장은 아미구루미의 기본
기법을 이용하여 나선형으로
뜨개질합니다(126쪽 참고). 패턴 각
단의 시작 부분에 표식을 남기면,
몇 번째 단을 뜨고 있는지
파악하는 데 도움이 되죠.

~~~~~~~~~~~ **선인장 조각**(6개)

6호 코바늘을 이용하여 매직링을 만듭니다(127쪽 참고).

1단: 사슬뜨기 1개, 짧은뜨기 6개

2단: 각 코마다 한 코에 짧은뜨기 2개 (총 12코)

3단: (짧은뜨기 1개, 한 코에 짧은뜨기 2개)*6번 (총 18코)

4단: (짧은뜨기 2개, 한 코에 짧은뜨기 2개)*6번 (총 24코)

5단: (짧은뜨기 3개, 한 코에 짧은뜨기 2개)*6번 (총 30코)

6단: (짧은뜨기 4개, 한 코에 짧은뜨기 2개)*6번 (총 36코)

7단: 짧은뜨기 36개

실을 끊어 마무리합니다. 선인장의 마디를 만들어야 하니,
실을 50cm 정도 남겨두세요.

Tip

실의 중량과 굵기를 키우고 더 굵은 코바늘을 사용하면
훨씬 더 큰 선인장을 만들 수 있다는 걸 기억하세요.
86쪽 작약환의 꽃과 같은 장식을 더해도 좋아요.

실제 크기

〰〰〰 **완성해봅시다**

선인장의 마디를 만들기 위해서는 각각의 조각을 반으로 접어 반원을
만들고, 남겨둔 실을 사용해 원의 둘레를 따라 사슬뜨기 1개를 한 후
빼뜨기를 합니다. 중간쯤 진행하다가 폴리에스테르 충전재를 채우세요.
반원 둘레의 연결을 마무리합니다.
여섯 개의 조각을 다 완성하고 나면, 돗바늘과 (A)실로 모든 조각의
상단을 작은 땀으로 이어줍니다. 그런 다음 각 조각의 하단 역시 같은
방법으로 붙여줍니다.

화분 크기에 맞게 플로랄 폼을 자르세요. 나무 꼬치를 선인장 하단으로
찔러 넣고 꼬치의 나머지를 폼에 꽂아 선인장을 화분에 고정합니다.
그런 다음 화분 옆면을 화강토로 채우죠.
아니면, 137쪽의 화분 크기에 맞는 패턴을 이용해 흙을 제작합니다.
선인장의 실 가운데 하나를 손뜨개 흙에 단단히 꿰어 화분에 넣으세요.
다른 실들은 정리하고요. 138쪽의 패턴을 사용해 선인장 화분을
만들어도 좋아요.

작약환

브라질에서 자생하는 이 선인장은 지름 15cm 정도의 크기까지 자랍니다.
작약환은 자주색 또는 자홍색의 화사한 꽃을 피우는데,
이 책에서도 손뜨개로 재현해봤습니다.

완성 크기

완성된 선인장의 지름은 약 9cm입니다.

준비물

≈ 스타일크래프트 스페셜 DK, 100%
   아크릴(100g 1볼당 295m):
   1826 Kelly Green 컬러 1볼 (A)
   1054 Walnut 컬러 소량(B)
   1083 Pomegranate 컬러 소량(C)

≈ 3.5mm(6호) 코바늘

≈ 폴리에스테르 충전재

≈ 돗바늘

≈ 지름 9cm 정도의 화분

장력

실이 팽팽하게 당겨지지 않도록 느슨히
잡아주세요.

Note

평면뜨기로 선인장을 표현합니다. 굴곡은
각 코의 뒤쪽 반 코에 바늘을 넣어 이랑뜨기를
하면서 만들어집니다(131쪽 참고).
흙은 아미구루미의 기본 기법을 이용하여
나선형으로 뜨개질합니다(126쪽 참고). 패턴 각
단의 시작 부분에 표식을 남기면, 몇 번째 단을
뜨고 있는지 파악하는 데 도움이 되죠.

〰〰〰〰 큰 선인장

1단: 6호 코바늘과 (A)실을 이용하여 사슬뜨기로 13코를
만듭니다.

2단(뒷면): 바늘에서 두 번째 사슬코부터 각 코마다 짧은뜨기
1개씩 뜬 뒤, 편물을 다시 뒤집습니다. (총 12코)

3단: 사슬뜨기 1개, 각 코마다 짧은뜨기로 이랑뜨기
1개씩 뜬 뒤, 다시 뒤집습니다. (총 12코)
3단을 패턴으로 하여 26단을 더 떠줍니다.
이제 앞면이 밖으로 오도록 첫 단과 마지막 단을
맞닿게 잡고 이어 뜹니다.

다음 단: 사슬뜨기 1개, 각 코마다 빼뜨기
실을 끊어 마무리하고 실을 길게 남겨두세요.

〰〰〰〰 작은 선인장(2개)

1단: 6호 코바늘과 (A)실을 이용하여 사슬뜨기로 7코를
만듭니다.

2단(뒷면): 바늘에서 두 번째 사슬코부터 각 코마다 짧은뜨기
1개씩 뜬 뒤, 편물을 다시 뒤집습니다. (총 6코)

3단: 사슬뜨기 1개, 각 코마다 짧은뜨기로 이랑뜨기
1개씩 뜬 뒤, 다시 뒤집습니다. (총 6코)
3단을 패턴으로 하여 14단을 더 떠줍니다.
이제 앞면이 밖으로 오도록 첫 단과 마지막 단을
맞닿게 잡고 이어 뜹니다.

다음 단: 사슬뜨기 1개, 각 코마다 빼뜨기
실을 끊어 마무리하고 실을 길게 남겨두세요.

〰〰〰〰 꽃

6호 코바늘과 (C)실을 이용하여 매직링을 만듭니다
(127쪽 참고).

1단: 사슬뜨기 1개, 짧은뜨기 5개, 빼뜨기

2단: 첫 코에 사슬뜨기 2개, 한길긴뜨기 2개, 사슬뜨기 2개,
빼뜨기 1개
* 다음 코에 빼뜨기, 사슬뜨기 2개, 한길긴뜨기 2개,
사슬뜨기 2개, 빼뜨기
위의 * 과정을 3번 더 반복합니다.
실을 끊어 마무리하세요.
실을 여유 있게 남겨두세요.

실제 크기

～～～～～ 흙

6호 코바늘과 (B)실을 이용하여 매직링을 만듭니다
(127쪽 참조).

1단:	사슬뜨기 1개, 짧은뜨기 6개
2단:	각 코마다 짧은뜨기 2개 (12코)
3단:	(짧은뜨기 1개, 한 코에 짧은뜨기 2개)*6번 (18코)
4단:	(짧은뜨기 2개, 한 코에 짧은뜨기 2개)*6번 (24코)
5단:	(짧은뜨기 3개, 한 코에 짧은뜨기 2개)*6번 (30코)
6단:	(짧은뜨기 4개, 한 코에 짧은뜨기 2개)*6번 (36코)
7단:	(짧은뜨기 5개, 한 코에 짧은뜨기 2개)*6번 (42코)
8단:	(짧은뜨기 6개, 한 코에 짧은뜨기 2개)*6번 (48코)

9~12단:	짧은뜨기 48개
13단:	(짧은뜨기 6개, 짧은뜨기 2코 모아뜨기 1개)*6번 (42코)
13단:	(짧은뜨기 5개, 짧은뜨기 2코 모아뜨기 1개)*6번 (36코)
13단:	(짧은뜨기 4개, 짧은뜨기 2코 모아뜨기 1개)*6번 (30코)
13단:	(짧은뜨기 3개, 짧은뜨기 2코 모아뜨기 1개)*6번 (24코)
13단:	(짧은뜨기 2개, 짧은뜨기 2코 모아뜨기 1개)*6번 (18코)

폴리에스테르 충전재로 속을 단단하게 채웁니다.

14단:	(짧은뜨기 1개, 짧은뜨기 2코 모아뜨기 1개)*6번 (12코)
15단:	짧은뜨기 2코 모아뜨기*6번 (6코)

실을 끊어 마무리하고 정리합니다.

～～～～～ 완성해봅시다

돗바늘과 (A)실로 양쪽 솔기를 따라 작은 땀으로 꿰어 끝을 모아준 뒤, 선인장 속을 충전재로 꽉
채우고 마감합니다. 큰 선인장의 상단에 꽃을 붙이고 충전재를 통해 바늘을 아래로 당겨 빼내고
매듭지어 상단에 오목한 느낌이 들게 만듭니다. 작은 선인장 역시 같은 과정으로 진행해주세요.
작은 선인장 하나는 큰 선인장의 상단에 잇습니다. 그리고 실을 이용해 손뜨개한 흙에 단단히
고정합니다. 화분에 넣거나, 찻잔 혹은 설탕 그릇에 넣어 진열해도 좋습니다.

멕시칸 스노우볼

이름에서 보이듯, 이 다육은 멕시코에서 자생합니다. 키우기 쉽다고 알려져 있고, 밀집하여 군락을 이루죠. 멕시칸 스노우볼의 두드러지는 특징인 시원한 민트색 혹은 회녹색의 우아한 색깔을 털실로 표현하려 노력해보았습니다.

완성 크기

완성된 다육의 지름은 약 10cm입니다

준비물

≋ 리코 디자인 크리에이티브 멜란지 레이스, 95% 면, 5% 폴리에스테르(50g 1볼당 260m): 004 Aqua Mix 컬러 1볼

≋ 2.75mm 코바늘

≋ 폴리에스테르 충전재

≋ 돗바늘

≋ 화훼용 철사

≋ 화분을 채울 플로랄 폼

≋ 화강토

≋ 지름 9cm 정도의 화분

장력

실이 팽팽하게 당겨지지 않도록 느슨히 잡아주세요.

Note

이 다육은 아미구루미의 기본 기법을 이용하여 나선형으로 뜨개질합니다 (126쪽 참고). 패턴 각 단의 시작 부분에 표식을 남기면, 몇 번째 단을 뜨고 있는지 파악하는 데 도움이 되죠. 각 잎들을 하나로 꿰어주면 하나의 식물이 완성됩니다.

~~~~~ 큰 잎(10개)

2.75mm 코바늘을 이용하여 매직링을 만듭니다
(127쪽 참고).

1단: 사슬뜨기 1개, 짧은뜨기 4개

2단: 각 코마다 짧은뜨기 1개 (총 4코)

3단: 각 코마다 짧은뜨기 2개 (총 8코)

4단: (짧은뜨기 1개, 한 코에 짧은뜨기 2개)*4번 (총 12코)

5단: (짧은뜨기 2개, 한 코에 짧은뜨기 2개)*4번 (총 16코)

6단: (짧은뜨기 3개, 한 코에 짧은뜨기 2개)*4번 (총 20코)

7~8단: 짧은뜨기 20개

9단: (짧은뜨기 8개, 짧은뜨기 2코 모아뜨기 1개)*2번 (총 18코)

10단: (짧은뜨기 7개, 짧은뜨기 2코 모아뜨기 1개)*2번 (총 16코)

11단: (짧은뜨기 6개, 짧은뜨기 2코 모아뜨기 1개)*2번 (총 14코)

12단: (짧은뜨기 5개, 짧은뜨기 2코 모아뜨기 1개)*2번 (총 12코)

13단: (짧은뜨기 4개, 짧은뜨기 2코 모아뜨기 1개)*2번 (총 10코)

14단: (짧은뜨기 3개, 짧은뜨기 2코 모아뜨기 1개)*2번 (총 8코)

15단: 짧은뜨기 8개

실을 끊어 마무리합니다. 실을 여유 있게 남겨두세요.

실제 크기

작은 잎(3개)

2.75mm 코바늘을 이용하여 매직링을 만듭니다
(127쪽 참고).

1단:	사슬뜨기 1개, 짧은뜨기 4개
2단:	각 코마다 짧은뜨기 1개 (총 4코)
3단:	각 코마다 짧은뜨기 2개 (총 8코)
4단:	(짧은뜨기 1개, 한 코에 짧은뜨기 2개)*4번 (총 12코)
5단:	(짧은뜨기 2개, 한 코에 짧은뜨기 2개)*4번 (총 16코)
6~7단:	짧은뜨기 16개
8단:	(짧은뜨기 6개, 짧은뜨기 2코 모아뜨기 1개)*2번 (총 14코)
9단:	(짧은뜨기 5개, 짧은뜨기 2코 모아뜨기 1개)*2번 (총 12코)
10단:	(짧은뜨기 4개, 짧은뜨기 2코 모아뜨기 1개)*2번 (총 10코)
11단:	(짧은뜨기 3개, 짧은뜨기 2코 모아뜨기 1개)*2번 (총 8코)
12단:	(짧은뜨기 2개, 짧은뜨기 2코 모아뜨기 1개)*2번 (총 6코)

실을 끊어 마무리합니다. 실을 여유 있게 남겨두세요.

중심부

2.75mm 코바늘을 이용하여 매직링을 만듭니다
(127쪽 참고).

1단:	사슬뜨기 1개, 짧은뜨기 6개
2단:	각 코마다 짧은뜨기 2개 (총 12코)
3단:	(짧은뜨기 1개, 한 코에 짧은뜨기 2개)*6번 (총 18코)
4~5단:	짧은뜨기 18개
6단:	(짧은뜨기 1개, 짧은뜨기 2코 모아뜨기 1개)*6번 (총 12코)
7단:	짧은뜨기 2코 모아뜨기 6개 (총 6코)

실을 끊어 마무리합니다. 소량의 폴리에스테르 충전재로
속을 채워주세요. 실을 여유 있게 남겨두세요.

완성해봅시다

각각의 잎을 반으로 접고 손으로 평평하게
누릅니다. 큰 잎 다섯 개를 별 모양으로
배열합니다. 남겨둔 실을 이용해 끝단을 함께
꿰매어 납작한 별을 만듭니다. 같은 과정을 한 번
더 반복하면 다섯 개의 큰 잎으로 만들어진 별
두 개가 생깁니다. 한 별을 다른 별 위에 포개듯
얹어 붙입니다. 그런 다음 세 개의 작은 잎을
토끼풀처럼 간격을 둬서 꿰매고 큰 잎들 위에
함께 꿰어줍니다. 마지막으로 다육 중심부를
한가운데에 꿰맵니다.
화훼용 철사를 반으로 접고 다육 밑면의 중간
부분을 통과해 나오게 꿰어줍니다. 플로랄 폼을
화분 크기에 맞게 자른 뒤, 화훼용 철사를 플로랄
폼에 꽂아 식물을 화분에 고정시킵니다. 화분
옆면의 틈에 화강토를 채워주세요.

멕시칸 스노우볼 **93**

녹영

독특한 형태의 다육인 녹영은 실내에서 키우기 쉽고, 행잉 바구니나 삼발이
화분에서 폭포의 물줄기처럼 길게 늘어져 내려오는 모습이 아주 예쁘죠.
이 책에서는 구슬처럼 방울방울 달린 잎을 재현하기 위해
버블뜨기 기법을 사용했어요.

완성 크기

완성되었을 때, 긴 줄기의 길이는 약
20cm입니다.

준비물

⟍ 쉽제스 메리노 소프트, 50% 울, 25%
극세사, 25% 아크릴(50g 1볼당 105m):
629 Constable 컬러 1볼 (A)
607 Braque 컬러 소량(B)

⟍ 3.5mm(6호) 코바늘

⟍ 폴리에스테르 충전재

⟍ 돗바늘

⟍ 지름 8cm 정도의 화분

장력

실이 팽팽하게 당겨지지 않도록 느슨히
잡아주세요.

Note

녹영의 잎은 버블뜨기로
만들어요(130쪽 참고).
줄기를 더 길게 하고 싶다면
버블을 더 떠주면 되죠.

︿︿︿︿︿ 큰 줄기(4개)

6호 코바늘과 (A)실을 이용합니다.

1단: 사슬뜨기 3개, 첫 사슬코에 버블뜨기 1개

       * 사슬뜨기 7개, 바늘로부터 세 번째 사슬코에 버블뜨기

       위의 * 과정을 7번 더 반복합니다.

       반복 과정 후, 사슬뜨기 5개 (총 구슬 9개)

       실을 끊어 마무리하고 실을 여유 있게 남겨두세요.

︿︿︿︿︿ 중간 길이의 줄기(3개)

1단: 사슬뜨기 3개, 첫 사슬코에 버블뜨기 1개

       * 사슬뜨기 7개, 바늘로부터 세 번째 사슬코에 버블뜨기

       위의 * 과정을 4번 더 반복합니다.

       반복 과정 후, 사슬뜨기 5개 (총 구슬 6개)

       실을 끊어 마무리하고 실을 여유 있게 남겨두세요.

︿︿︿︿︿ 짧은 줄기(5개)

1단: 사슬뜨기 3개, 첫 사슬코에 버블뜨기 1개

       * 사슬뜨기 7개, 바늘로부터 세 번째 사슬코에 버블뜨기

       위의 * 과정을 2번 더 반복합니다.

       반복 과정 후, 사슬뜨기 5개 (총 구슬 4개)

       실을 끊어 마무리하고 실을 여유 있게 남겨두세요.

실제 크기

화분에 얹을 흙

6호 코바늘과 (B)실을 이용하여 매직링을 만듭니다(127쪽 참조).

1단: 사슬뜨기 1개, 짧은뜨기 6개

2단: 각 코마다 짧은뜨기 2개 (12코)

3단: (짧은뜨기 1개, 한 코에 짧은뜨기 2개)*6번 (18코)

4단: (짧은뜨기 2개, 한 코에 짧은뜨기 2개)*6번 (24코)

5단: (짧은뜨기 3개, 한 코에 짧은뜨기 2개)*6번 (30코)

6단: (짧은뜨기 4개, 한 코에 짧은뜨기 2개)*6번 (36코)

7~11단: 짧은뜨기 36개

12단: (짧은뜨기 4개, 짧은뜨기 2코 모아뜨기 1개)*6번 (30코)

13단: (짧은뜨기 3개, 짧은뜨기 2코 모아뜨기 1개)*6번 (24코)

14단: (짧은뜨기 2개, 짧은뜨기 2코 모아뜨기 1개)*6번 (18코)
        폴리에스테르 충전재로 속을 단단하게 채웁니다.

15단: (짧은뜨기 1개, 짧은뜨기 2코 모아뜨기 1개)*6번 (12코)

16단: 짧은뜨기 2코 모아뜨기*6번 (6코)

실을 끊어 마무리합니다. 실을 정리해줍니다.

완성해봅시다

남긴 실을 이용해 각 줄기의 끝을 흙의 중간쯤에 꿰어 붙이고 화분에
넣은 뒤, 긴 줄기를 화분 테두리 너머로 걸쳐줍니다.

블루 웨이브

이 다육은 지름이 약 30cm 크기까지 자라며,
예쁜 청록색과 살짝 주름지는 뾰족한 잎이 특징이죠. 앞에 등장했던 다른
에케베리아속의 다육들(30쪽의 몰디드 왁스 아가베와 58쪽의 레드 에보니)과 달리
블루 웨이브는 한 덩어리로 뜨는 방식을 선택했습니다.

완성 크기

완성된 다육의 지름은 약 7cm입니다

준비물

- 쉽제스 카토나, 100% 면(50g 1볼당 125m):
  205 Kiwi 컬러 1볼
- 3.5mm(6호) 코바늘
- 화훼용 철사
- 화분을 채울 플로랄 폼
- 화강토
- 지름 9cm 정도의 화분

장력

실이 팽팽하게 당겨지지 않도록 느슨히
잡아주세요.

Note

이 다육은 원형뜨기로 만듭니다.
중앙에서부터 시작해서 아래로
나뭇잎의 단을 만들어 나가죠.

〰〰〰〰〰 **다육**

6호 코바늘을 이용하여 매직링을 만듭니다(127쪽 참고).

1단: 사슬뜨기 1개, 짧은뜨기 6개, 빼뜨기

2단: 다음 코에 사슬뜨기 2개, 빼뜨기

* 다음 코 안으로 빼뜨기, 다음 코에 사슬뜨기 2개, 빼뜨기

위의 * 과정을 반복합니다. (총 고리 3개)

3단: * 사슬코에 빼뜨기, (사슬뜨기 2개, 한길긴뜨기 3개,

사슬뜨기 2개, 빼뜨기 1개)

위의 * 과정을 2번 더 반복합니다. (총 잎 3개)

4단: 잎을 앞쪽으로 감싸듯 접고 각 잎의 뒷부분에

작업을 진행합니다.

* 가까운 잎의 중앙에 있는 한길긴뜨기의 아래에

사슬뜨기 4개, 빼뜨기 1개

위의 * 과정을 2번 더 반복합니다. (총 고리 3개)

5단: * 사슬코에 빼뜨기, (사슬뜨기 2개, 한길긴뜨기 3개,

사슬뜨기 2개, 첫 사슬코에 빼뜨기, 한길긴뜨기 3개,

사슬뜨기 2개, 빼뜨기 1개)

위의 * 과정을 2번 더 반복합니다. (총 잎 3개)

6단: 잎을 앞쪽으로 감싸듯 접고 각 잎의 뒷부분에

작업을 진행합니다.

* 가까운 잎의 중앙에 있는 한길긴뜨기의 아래에

사슬뜨기 3개, 빼뜨기 1개, 이전 단의 가까운 잎 사이에

있는 빼뜨기에 사슬뜨기 3개, 빼뜨기 1개

위의 * 과정을 2번 더 반복합니다. (총 고리 6개).

7단: * 사슬코에 빼뜨기 (사슬뜨기 2개, 한길긴뜨기 2개,

두길긴뜨기 1개, 사슬뜨기 2개, 첫 사슬코에 빼뜨기 1개,

두길긴뜨기 1개, 한길긴뜨기 2개, 사슬뜨기 2개, 빼뜨기 1개)

위의 * 과정을 5번 더 반복합니다. (총 잎 6개)

8단: 잎을 앞쪽으로 감싸듯 접고 각 잎의 뒷부분에

작업을 진행합니다.

* 가까운 잎의 중앙에 있는 두길긴뜨기의 아래에

사슬뜨기 4개, 빼뜨기 1개

위의 * 과정을 5번 더 반복합니다. (총 고리 6개)

9단: * 사슬코에 빼뜨기 (사슬뜨기 2개, 한길긴뜨기 1개,

두길긴뜨기 2개, 사슬뜨기 2개, 첫 사슬코에 빼뜨기 1개,

두길긴뜨기 2개, 한길긴뜨기 1개, 사슬뜨기 2개, 빼뜨기 1개)

위의 * 과정을 5번 더 반복합니다. (총 잎 6개)

실을 끊어 마무리합니다. 실을 정리해줍니다.

> *Tip*
>
> 두 가지 실을 섞어 써서 새로운 느낌을
> 만들어 보세요. 흔히 자연에서 마주하는
> 다양한 컬러가 묻어날 거예요.

실제 크기

⁓⁓⁓⁓⁓ 완성해봅시다

플로랄 폼을 화분 크기에 맞게 자르세요. 화훼용 철사를
반으로 접고 다육 밑면의 중간 부분을 통과해 나오게 꿰어
줍니다. 폼에 철사를 꽂아 식물을 화분에 고정합니다.
화분에 화강토를 깔아주세요.

윤회

이 귀여운 다육은 남아프리카에서 자생하며, 야생에서 다양한 색깔로 자랍니다.
보통 잎의 테두리가 빨갛게 물들기도 하죠.
저는 큰 잎의 끄트머리에 빼뜨기로 한 줄을 넣어 이것을 재현했습니다.

완성 크기

완성되었을 때, 큰 잎의 길이가 약 8cm,
폭은 6cm 정도입니다.

준비물

〃 스타일크래프트 린넨 드레이프, 70%
  비스코스, 30% 린넨(100g 1볼당 185m):
  3904 River 컬러 1볼(A)
  3908 Cranberry 컬러 소량(B)

〃 3.5mm(6호) 코바늘

〃 돗바늘

〃 나무 꼬치

〃 화분을 채울 플로랄 폼

〃 지름 7cm 정도의 화분

장력

실이 팽팽하게 당겨지지 않도록 느슨히
잡아주세요.

Note

이 다육은 아미구루미의 기본
기법을 이용하여 나선형으로
뜨개질합니다(126쪽 참고).
패턴 각 단의 시작 부분에 표식을
남기면, 몇 번째 단을 뜨고 있는지
파악하는 데 도움이 되죠.

﹏﹏﹏ 큰 잎(4개)

6호 코바늘과 (A)실을 이용하여 매직링을 만듭니다
(127쪽 참고).

1단:	사슬뜨기 1개, 짧은뜨기 5개
2단:	각 코마다 한 코에 짧은뜨기 2개 (총 10코)
3단:	(짧은뜨기 4개, 한 코에 짧은뜨기 2개)*2번 (총 12코)
4단:	(짧은뜨기 5개, 한 코에 짧은뜨기 2개)*2번 (총 14코)
5단:	(짧은뜨기 6개, 한 코에 짧은뜨기 2개)*2번 (총 16코)
6단:	(짧은뜨기 7개, 한 코에 짧은뜨기 2개)*2번 (총 18코)
7단:	(짧은뜨기 8개, 한 코에 짧은뜨기 2개)*2번 (총 20코)
8단:	(짧은뜨기 9개, 한 코에 짧은뜨기 2개)*2번 (총 22코)
9~11단:	짧은뜨기 22개
12단:	(짧은뜨기 9개, 짧은뜨기 2코 모아뜨기 1개)*2번 (총 20코)
13단:	짧은뜨기 20개
14단:	(짧은뜨기 8개, 짧은뜨기 2코 모아뜨기 1개)*2번 (총 18코)
15단:	짧은뜨기 18개
16단:	(짧은뜨기 7개, 짧은뜨기 2코 모아뜨기 1개)*2번 (총 16코)
17단:	짧은뜨기 16개
18단:	(짧은뜨기 6개, 짧은뜨기 2코 모아뜨기 1개)*2번 (총 14코)
19단:	(짧은뜨기 5개, 짧은뜨기 2코 모아뜨기 1개)*2번 (총 12코)
20단:	(짧은뜨기 4개, 짧은뜨기 2코 모아뜨기 1개)*2번 (총 10코)

실을 끊어 마무리합니다. 다른 잎들과 꿰어야 하므로,
실을 여유 있게 남겨두세요.

﹏﹏﹏ 작은 잎(2개)

6호 코바늘과 (A)실을 이용하여 매직링을 만듭니다
(127쪽 참고).

1단:	사슬뜨기 1개, 짧은뜨기 5개
2단:	각 코마다 한 코에 짧은뜨기 2개 (총 10코)
3단:	(짧은뜨기 4개, 한 코에 짧은뜨기 2개)*2번 (총 12코)
4단:	(짧은뜨기 5개, 한 코에 짧은뜨기 2개)*2번 (총 14코)
5~6단:	짧은뜨기 14개
7단:	(짧은뜨기 5개, 짧은뜨기 2코 모아뜨기 1개)*2번 (총 12코)
8단:	짧은뜨기 12개
9단:	(짧은뜨기 4개, 짧은뜨기 2코 모아뜨기 1개)*2번 (총 10코)
10단:	(짧은뜨기 3개, 짧은뜨기 2코 모아뜨기 1개)*2번 (총 8코)

실을 끊어 마무리합니다. 다른 잎들과 꿰어야 하므로,
실을 여유 있게 남겨두세요.

실제 크기

〰〰〰〰〰 완성해봅시다

모든 잎을 손바닥으로 납작하게 누르세요. 각 큰 잎의 상단 끝에
(B)실을 이용해 빼뜨기로 포인트를 떠주세요. 대략 6단에서
시작해 반대편의 6단에 이를 때까지 잎의 위 테두리를 따라
빼뜨기를 합니다. 코를 잡아 마무리하고 실을 정리합니다.
두 개의 작은 잎을 비스듬히 놓고 하단을 함께 꿰어주세요. 그런
다음 두 작은 잎의 양쪽에 큰 잎 두 개를 꿰맵니다. 자연스러워
보이도록 비스듬히 배열합니다.
나무 꼬치를 작은 잎 하단을 지나 양 바깥의 큰 잎에 각각 밀어
넣습니다. 화분 바닥에 플로랄 폼을 놓고 나무 꼬치의 나머지를
폼에 꽂아 식물을 고정해줍니다.

옥옹

멕시코에서 자생하는 이 다육은 흰 솜털과 가시로 덮여 있습니다.
기본이 되는 털실과 솜털처럼 보송보송한 날개사를 함께 사용해서
이 굉장한 느낌을 손뜨개 형태로 재현할 수 있었어요.
이 선인장은 편물을 뒤집어 뒷면을 바깥으로 하면 더욱 좋아 보여요.

완성 크기

완성된 선인장의 지름은 약 9cm입니다.

준비물

- 스타일크래프트 코튼 클래시크, 100% 면(50g 1볼당 92m): 3097 Leaf 컬러 1볼(A)
- 스타일크래프트 에스키모 더블 니팅, 100% 폴리에스테르(50g 1볼당 90m): 5006 Winter White 컬러 1볼(B)
- 4mm(7호) 코바늘
- 폴리에스테르 충전재
- 돗바늘
- 화훼용 철사
- 화분을 채울 플로랄 폼
- 지름 6cm 정도의 화분

장력

실이 팽팽하게 당겨지지 않도록 느슨히 잡아주세요.

Note

이 선인장은 아미구루미의 기본 기법을 이용하여 나선형으로 뜨개질합니다 (126쪽 참고). 패턴 각 단의 시작 부분에 표식을 남기면, 몇 번째 단을 뜨고 있는지 파악하는 데 도움이 되죠. 두 실을 같이 잡아서 뜨면 느낌이 살아요. 편물을 다 뜨면, 속에 충전재를 채우기 전에 먼저 뒷면이 바깥으로 나오게 뒤집어주세요.

〰〰〰 선인장

7호 코바늘과 (A)실, (B)실을 한 가닥씩 함께 잡고
매직링을 만듭니다(127쪽 참고).

1단: 사슬뜨기 1개, 짧은뜨기 6개

2단: 각 코마다 한 코에 짧은뜨기 2개 (총 12코)

3단: (짧은뜨기 1개, 한 코에 짧은뜨기 2개)*6번 (총 18코)

4단: (짧은뜨기 2개, 한 코에 짧은뜨기 2개)*6번 (총 24코)

5단: (짧은뜨기 3개, 한 코에 짧은뜨기 2개)*6번 (총 30코)

6~9단: 짧은뜨기 30개

10단: (짧은뜨기 3개, 짧은뜨기 2코 모아뜨기 1개)*6번 (총 24코)

11단: (짧은뜨기 2개, 짧은뜨기 2코 모아뜨기 1개)*6번 (총 18코)
폴리에스테르 충전재로 단단하게 속을 채워주세요.

12단: (짧은뜨기 1개, 짧은뜨기 2코 모아뜨기 1개)*6번 (총 12코)

13단: 짧은뜨기 2코 모아뜨기 6개 (총 6코)
실을 끊어 마무리합니다. 실을 정리해줍니다.

Tip

여러분의 선인장 작품은 멋진 선물이 될 거예요.
친구들이나 가족들 가운데
바느질에 빠진 사람이 있다면, 핀 쿠션으로
이 선인장을 선물하면 어떨까요?

실제 크기

〰〰〰〰〰 완성해봅시다

화훼용 철사를 반으로 접고 다육 밑면의 중간 부분을 통과해
나오게 꿰어줍니다. 플로랄 폼을 화분 크기에 맞게 자르세요.
화훼용 철사를 폼에 꽂아 식물을 화분에 고정합니다. 대신
138쪽의 패턴을 이용해 선인장 화분을 만들어도 좋고요.

일출환

멕시코에서 자생하는 이 선인장은 보통 구의 형태를 띠고 있어요.
통칭 악마의 혀devil's tongue라 불릴 만큼 사나운 일출환의 가시들은 대개
빨간색이죠. 이 책에서는 펄 특수사를 사용하여 뾰족한 느낌을 살려 봤습니다.

완성 크기

완성된 선인장의 지름은 약 10cm입니다.

준비물

〰 로빈 더블 니트, 100% 아크릴
　(100g 1볼당 300m): 045 Forest 컬러 1볼(A)

〰 리코 디자인 크리에이티브 버블, 100%
　폴리에스테르(50g 1볼당 90m):
　018 Dark Red 컬러 1볼(B)

〰 3.5mm(6호) 코바늘

〰 폴리에스테르 충전재

〰 돗바늘

〰 화훼용 철사

〰 화분을 채울 플로랄 폼

〰 화강토

〰 지름 6cm 정도의 화분

장력

실이 팽팽하게 당겨지지 않도록 느슨히
잡아주세요.

Note

이 다육은 아미구루미의 기본
기법을 이용하여 나선형으로
뜨개질합니다(126쪽 참고). 패턴 각
단의 시작 부분에 표식을 남기면,
몇 번째 단을 뜨고 있는지 파악하는 데
도움이 되죠. 선인장을 (A)실로 뜬 다음,
(B)실로 가시를 수놓아요.

선인장 조각(8개)

6호 코바늘과 (A)실을 이용하여 매직링을 만듭니다(127쪽 참고).

1단: 사슬뜨기 1개, 짧은뜨기 6개

2단: 각 코마다 한 코에 짧은뜨기 2개 (총 12코)

3단: (짧은뜨기 1개, 한 코에 짧은뜨기 2개)*6번 (총 18코)

4단: (짧은뜨기 2개, 한 코에 짧은뜨기 2개)*6번 (총 24코)

5단: (짧은뜨기 3개, 한 코에 짧은뜨기 2개)*6번 (총 30코)

6단: (짧은뜨기 4개, 한 코에 짧은뜨기 2개)*6번 (총 36코)

실을 끊어 마무리합니다. 선인장의 마디를 만들어야 하니, 실을 길게 남겨두세요.

Tip

펄 특수사는 쓰기에 꽤
어려운 실이기도 해요.
하지만 혹여 실수하더라도
걱정할 필요 없어요.
더 자연스러워 보일걸요!

실제 크기

〜〜〜〜〜 완성해봅시다

선인장의 마디를 만들기 위해서는 각각의 조각을 반으로 접어 반원을 만들고,
남겨둔 실을 사용해 원의 둘레를 따라 사슬뜨기 1개를 한 후 빼뜨기를 합니다.
3/4쯤 이르면 코바늘을 빼주세요. (B)실과 돗바늘을 들고 솔기에 감치기해주세요.
한 위치에 세 땀을 놔서 가시를 만듭니다. 대략 빼뜨기 3개 간격으로 각 선인장
조각에 5개의 가시를 만들어주세요. 그런 다음 폴리에스테르 충전재를 약간 채워
넣고, 반원 옆면의 나머지 1/4도 완전히 꿰매줍니다.
여덟 개의 조각을 다 완성하고 나면, 모든 조각의 상단을 작은 땀으로 이어 주고,
하단 역시 같은 방법으로 붙여주세요.
선인장 하단에 화훼용 철사를 밀어 넣어요. 화분 크기에 맞게 플로랄 폼을 자르고,
폼에 철사를 꽂아 선인장을 화분에 고정합니다. 마지막으로 화분 옆면을
화강토로 채워주세요.

가재발선인장

브라질에서 자생하는 이 식물은 비교적 실내에서 키우기 쉬운 편입니다.
한겨울에 꽃을 피우는 데다 그 꽃이 이 시기에 잘 어울리는 선명한
색깔을 띠고 있어서, 흔히 홀리데이선인장이라 불리죠.

완성 크기

완성되었을 때, 긴 줄기의 길이는 약
25cm입니다.

준비물

◌ 로빈 더블 니트, 100% 아크릴
(100g 1볼당 300m):
045 Forest 컬러 1볼 (A)
064 Fiesta 컬러 1볼 (B)

◌ 3.5mm(6호) 코바늘

◌ 돗바늘

◌ 방울 만들 때 사용할 포크

◌ 화훼용 철사

◌ 화분을 채울 플로랄 폼

◌ 15x15cm 크기의 갈색 계열 펠트 1장

◌ 목공 풀

◌ 지름 10cm 정도의 화분

장력

실이 팽팽하게 당겨지지 않도록 느슨히
잡아주세요.

〰〰〰〰 긴 줄기(3개)

6호 코바늘과 (A)실을 이용하여 사슬뜨기로
35코를 만듭니다.

1단:　세 번째 사슬코에 한길긴뜨기 1개, 다음 두 사슬코에
각각 한길긴뜨기 1개, 마지막 한길긴뜨기 아래의
사슬코 안으로 빼뜨기

* 다음 세 사슬코에 빼뜨기, 마지막 빼뜨기 코와 같은
코에 사슬뜨기 2개, 한길긴뜨기 1개, 다음 두 사슬코에
한길긴뜨기 1개, 한길긴뜨기 아래의 사슬코 안으로 빼뜨기
위의 * 과정을 5번 더 반복합니다.

사슬뜨기 1개, (이제 뒤집어서 기본 사슬코의 다른쪽을
작업합니다) 첫 코에 빼뜨기 1개, 빼뜨기한 코와 같은
코에 사슬뜨기 2개, 한길긴뜨기 1개, 다음 두 사슬코에
한길긴뜨기 1개, 한길긴뜨기 아래의
사슬코 안으로 사슬뜨기 2개, 빼뜨기

* 다음 세 사슬코에 빼뜨기, 마지막 빼뜨기 코와 같은
코에 사슬뜨기 2개, 한길긴뜨기 1개, 다음 두 사슬코에
한길긴뜨기 1개, 한길긴뜨기 아래의 사슬코 안으로
사슬뜨기 2개, 빼뜨기 1개
위의 * 과정을 5번 더 반복합니다. (총 잎 7개)
실을 끊어 마무리하고 실을 길게 남겨두세요.

실제 크기

중간 길이의 줄기(5개)

6호 코바늘과 (A)실을 이용하여 사슬뜨기로 25코를 만듭니다.

1단: 세 번째 사슬코에 한길긴뜨기 1개,
다음 두 사슬코에 각각 한길긴뜨기 1개, 마지막 한길긴뜨기
아래의 사슬코 안으로 빼뜨기
* 다음 세 사슬코에 빼뜨기, 마지막 빼뜨기 코와 같은 코에
사슬뜨기 2개, 한길긴뜨기 1개, 다음 두 사슬코에 한길긴뜨기
1개, 한길긴뜨기 아래의 사슬코 안으로 빼뜨기

위의 * 과정을 3번 더 반복합니다.
사슬뜨기 1개, (이제 뒤집어서 기본 사슬코의 다른쪽을
작업합니다) 첫 코에 빼뜨기 1개, 빼뜨기한 코와 같은 코에
사슬뜨기 2개, 한길긴뜨기 1개,
다음 두 사슬코에 한길긴뜨기 1개, 한길긴뜨기
아래의 사슬코 안으로 사슬뜨기 2개, 빼뜨기
* 다음 세 사슬코에 빼뜨기, 마지막 빼뜨기 코와 같은
코에 사슬뜨기 2개, 한길긴뜨기 1개, 다음 두 사슬코에
한길긴뜨기 1개, 한길긴뜨기 아래의 사슬코 안으로
사슬뜨기 2개, 빼뜨기 1개
위의 * 과정을 3번 더 반복합니다. (총 잎 5개)
실을 끊어 마무리하고 실을 길게 남겨두세요.

꽃(10개)

선인장의 꽃을 만들기 위해 포크를 활용합니다
(135쪽 참고). (B)실로 12회 정도 포크를 감아 성긴
방울을 만듭니다. 각 줄기를 마무리할 때 남긴 실
꼬리로 방울을 단단히 꿰어주세요

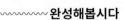

짧은 줄기(2개)

6호 코바늘과 (A)실을 이용하여 사슬뜨기로
20코를 만듭니다.

1단: 세 번째 사슬코에 한길긴뜨기 1개, 다음 두 사슬코에 각각
한길긴뜨기 1개, 마지막 한길긴뜨기 아래의
사슬코 안으로 빼뜨기
* 다음 세 사슬코에 빼뜨기, 마지막 빼뜨기 코와 같은
코에 사슬뜨기 2개, 한길긴뜨기 1개, 다음 두 사슬코에
한길긴뜨기 1개, 한길긴뜨기 아래의 사슬코 안으로 빼뜨기
위의 * 과정을 2번 더 반복합니다.
사슬뜨기 1개, (이제 뒤집어서 기본 사슬코의 다른쪽을
작업합니다) 첫 코에 빼뜨기 1개, 빼뜨기한 코와 같은
코에 사슬뜨기 2개, 한길긴뜨기 1개, 다음 두 사슬코에
한길긴뜨기 1개, 한길긴뜨기 아래의 사슬코 안으로
사슬뜨기 2개, 빼뜨기
* 다음 세 사슬코에 빼뜨기, 마지막 빼뜨기 코와 같은
코에 사슬뜨기 2개, 한길긴뜨기 1개, 다음 두 사슬코에
한길긴뜨기 1개, 한길긴뜨기 아래의 사슬코 안으로
사슬뜨기 2개, 빼뜨기 1개
위의 * 과정을 2번 더 반복합니다. (총 잎 4개)
실을 끊어 마무리하고 실을 길게 남겨두세요.

완성해봅시다

화훼용 철사를 나중에 플로랄 폼에 고정시킬
정도 남기고, 각 줄기 뒷면의 중앙을 따라
길게 밀어 넣어주세요. 플로랄 폼을 화분
크기에 맞게 자릅니다. 폼의 상단을 갈색
펠트로 감싸 흙처럼 만듭니다.
목공 풀로 펠트를 폼 측면에 붙여주세요. 이제
펠트를 덮은 폼을 화분에 넣은 뒤, 줄기 끝에
남긴 화훼용 철사를 폼에 꽂습니다. 철사를
조정해 실제 식물처럼 꾸며줍니다.

뜨개질
시작하기

손뜨개 원예 품종을 생동감 있게 만들기 위해 전통적인 조경 장비는 따로
필요하지 않습니다. 쉽게 구할 수 있는 공예 도구만 있다면,
여러분의 다육 식물 컬렉션이 풍성해지는 걸 볼 수 있어요.

코바늘

코바늘의 재질과 굵기는 다양합니다. 이 책에 실린 프로젝트는 대부분 소규모이기 때문에 보통 2.75mm~4mm(4호~7호) 굵기의 바늘을 사용합니다. 저는 끝이 금속이고 인체공학적으로 설계된 이 굵기의 코바늘을 즐겨 사용해요. 8mm나 9mm 정도의 굵은 코바늘은 대개 플라스틱이나 나무로 만들어집니다.

실

선인장과 다육 식물 만들기의 핵심은 식물의 색과 질감을 그대로 표현할 수 있는 실을 찾는 것이죠.

저는 작약환, 북두각, 옥옹처럼 털이 난 선인장을 표현하기 위해 펄 감이 있는 특수사나 날개사를 활용하면서 너무 즐거웠어요. 창의력을 발휘해 값싼 아크릴실에 기본 색상의 실을 조합한 다음, 여러분만의 뾰족뾰족한 특수사로 신나게 만들어보세요. 여러분의 작품을 보는 사람들은 그게 진짜인지 가짜인지 파악하려면 손으로 만져볼 수밖에 없을걸요?

다육이를 만들기 위해 특별한 실을 살 필요는 없습니다. 요즘 실 생산회사 중에는 이런 작업에 딱 맞는 10g짜리 뭉치를 판매하는 곳도 있더라구요. 아니면, 다른 뜨개질을 하고 남은 실을 활용해도 좋아요.

폴리에스테르 충전재

저는 선인장과 다육 식물 내부를 채울 때, 미니크래프트의 수퍼소프트 인형 속 충전재를 사용했습니다. 이 소재는 BS145와 BN5852, EN71I 표준에 따라 어린이에게 안전하다고 인증 받은 제품이라고 해요. 식물의 속을 단단하되, 불룩하게 튀어나와 외형을 왜곡시키지는 않을 정도로 채워주면 됩니다.

바늘

실 끝을 마감하거나 조각을 잇고 자수 디테일을 더할 때에는 돗바늘을 사용합니다. 그리고 백도선선인장(66쪽 참고)의 비즈를 달려면 가는 비즈 바늘이 필요하죠.

백도선선인장(66쪽 참고)

Tip

뜨개질 과정에서 어떤 실이든 자유로이 사용할 수 있어요. 저는 대부분의 프로젝트에서 일반적인 쌍올실과 6호 코바늘을 썼습니다. 그렇지만 양말 실이나 레이스 중량의 실과 4호 코바늘을 써서 미니어처 버전을 만들거나, 아주 두툼한 실과 그에 맞는 굵직한 바늘로 선인장 풋스툴을 만들어도 되겠죠. 두툼한 실을 쓰는 건 꽤 힘든 작업입니다. 마치 격렬한 운동을 하는 듯 느껴질 거예요.

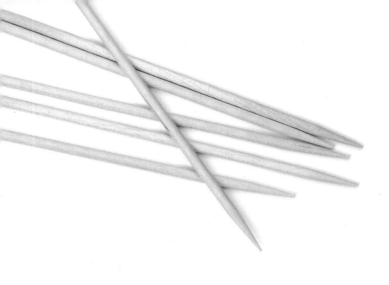

나무 꼬치

저는 식물을 화분에 고정시킬 때 나무 꼬치를
사용했습니다(이쑤시개나 나무 꼬치를 사용해도 돼요).
선인장의 높이에 맞춰 꽂은 나무 꼬치는 식물이 쓰러지지
않도록 지탱해주죠. 식물 안쪽으로 꼬치를 밀어 넣을
때에는 뜨개질 코를 찌르지 않도록 조심히 끼운 다음,
꼬치를 적당한 크기로 자르고 화분의 둥근 테보다 살짝
아래에 놓일 정도로 찔러주는 것이 좋습니다.

화훼용 철사

가는 화훼용 철사는 식물 잎사귀의 굴곡을 표현하는 데
아주 좋습니다. 손뜨개 조각 중앙으로 보이지 않게 철사를
넣으세요. 그러면 잎이 자연스러워 보일 수 있게 잎을
구부리거나 펼 수 있죠.

플로랄 폼

몇몇 과정에서 저는 건식 플로랄 폼을 사용해서 손뜨개
식물을 화분에 고정시켰습니다. 이 폼은 보통 조화나
드라이플라워를 꽃꽂이할 때 사용하죠. 화분 폭에 맞춰
폼을 자르고 잘 맞게 밀어 넣습니다. 그리고 이 폼에 나무
꼬치나 화훼용 철사를 끼우면 손뜨개 식물을 화분에
단단히 고정시킬 수 있죠.

Tip

손뜨개 경험이 많이 쌓여도 코나 단의 수가 정확한지 확인이
필요합니다. 저는 비싼 단수마커를 사용하지 않아요.
그냥 5cm 정도로 실을 자르고, 이것을 한 단의
마지막 코와 다음 단의 첫 코 사이에 놓죠.
이 실 가닥들은 작업을 마친 뒤 바늘을 쓰지 않고도 쉽게 뽑아낼
수 있어요. 이 방법은 아미구루미 기법으로
뜨개질을 할 때, 특히 유용합니다.

코바늘 호수

굵기	영국	미국	한국
2mm	14	-	2호
2.25mm	13	B/1	3호(2.3mm)
2.5mm	12	-	4호
2.75mm	-	C/2	-
3mm	11	-	5호
3.25mm	10	D/3	-
3.5mm	9	E/4	6호
3.75mm	-	F/53	-
4mm	8	G/6	7호
4.5mm	7	7	7.5호
5mm	6	H/8	8호
5.5mm	5	I/9	9호
6mm	4	J/10	10호
6.5mm	3	K/10.5	-
7mm	2	-	7mm
8mm	0	L/11	8mm
9mm	00	M-N/13	-
10mm	000	N-P/15	10mm

약어

alt	교차뜨기 or 교대로
ch	사슬뜨기
ch sp	사슬뜨기로 생긴 공간
cm	센티미터
cont	계속
dc	짧은뜨기
dc2inc	한 코에 짧은뜨기 2개
dc2tog	짧은뜨기 2코 모아뜨기
dc3tog	짧은뜨기 3코 모아뜨기
dec	코 줄이기
DK	양면뜨기
dtr	두길긴뜨기
g	그램
htr	긴뜨기
in	인치
inc	코 늘리기
m	미터
mm	밀리미터
rep	반복
RS	앞면
RtrF	앞걸어 한길긴뜨기
sl st	빼뜨기
sp	코 사이의 공간
st(s)	코
tbl	이랑뜨기
tog	모아뜨기
tr	한길긴뜨기
yd	야드
yo	실을 바늘에 걸기
WS	뒷면

코바늘 뜨개질의 기법

그럼 이제 책 속의 각 프로젝트에 필요한 기본 기법을 배워보겠습니다.
몇몇 기법은 연습이 조금 필요하지만, 익히고 나면 모든 다육 식물에
다양한 질감과 장식을 입힐 수 있죠.

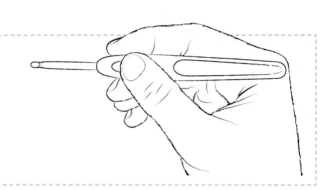

코바늘 잡는 법

오른손이나 왼손의 엄지와 검지로 마치 펜을 잡듯이
코바늘을 잡아주세요.

실 쥐는 법

코바늘을 잡지 않는 손의 새끼손가락에 실을 감은
뒤, 손에 실을 걸칩니다. 중지와 엄지로 실을 쥐고
검지로 실을 조절합니다.

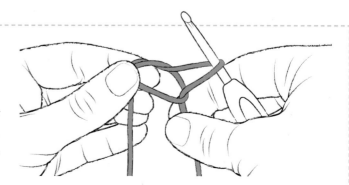

시작코 만드는 법

손가락 두 개에 실을 감아 고리를 만들어주세요.
이 첫 번째 고리 사이로 실을 당겨 두 번째 고리를
만든 뒤, 거기에 코바늘을 끼웁니다. 코바늘에
느슨한 매듭이 생기도록 실을 부드럽게 당깁니다.

영국식 용어와 미국식 용어의 차이

영국식 용어와 미국식 용어 가운데 일부는 서로 다른
의미를 지니고 있어서 헷갈릴 수도 있어요. 늘 여러분이
가진 패턴이 어떤 식으로 표기되어 있는지 확인하세요.
그러면 뜨개질을 올바르게 할 수 있죠. 패턴을 잘못 읽어서
나중에야 깨닫고 떠 놓은 걸 풀어야 하는 일보다
힘 빠지는 일은 없으니까요.

	영국식 뜨개질 용어	미국식 뜨개질 용어
짧은뜨기	Double crochet	Single crochet
긴뜨기	Half treble	Half double crochet
한길긴뜨기	Treble	Double crochet
두길긴뜨기	Double treble	Triple crochet
세길긴뜨기	Treble treble	Double triple crochet

빼뜨기(SL ST)

이 기법은 장식을 하거나 손뜨개 조각을 이어
붙이기에 최적의 방법입니다.

1. 코에 코바늘을 찔러 넣고, 코바늘에 실을
   감습니다.

2. 코바늘에 실이 걸린 채로 고리를 만들 듯이
   코 사이로 바늘을 빼줍니다. 이러한 방법으로
   필요한 만큼 빼뜨기를 진행합니다.

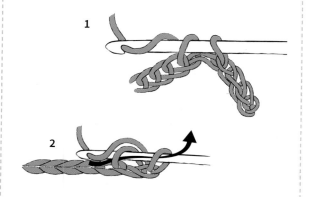

사슬뜨기(CH ST)

1. 먼저 코바늘에 시작코를 만드세요.

2. 코바늘에 실을 감습니다.

3. 시작코의 고리 사이로 고리를 만들 듯이 실을
   뽑아 당겨서 사슬뜨기를 한 코 만들어줍니다.

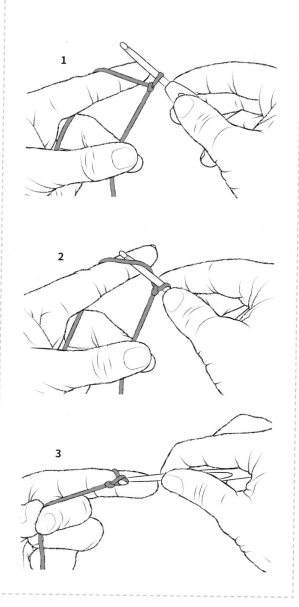

짧은뜨기(DC)

1. 그림과 같이 바늘 머리를 코에 끼우고, 바늘에 실을 건 상태로 그 코에서 당겨 뺍니다. 바늘에 고리 두 개가 남겠죠.

2. 그 상태에서 바늘에 다시 실을 걸고, 이번에는 두 코를 모두 통과해서 빼냅니다. 그러면 바늘에는 고리가 한 개 남게 됩니다.

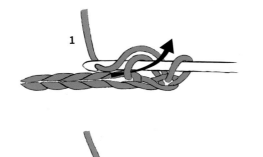

한길긴뜨기(TR)

1. 그림과 같이 바늘에 실을 건 상태로 바늘 머리를 코에 끼웁니다. 다시 실을 바늘에 건 채로 그 코에서 빼냅니다. 그럼 바늘에 고리 세 개가 남겠죠?

2. 그 상태에서 실을 다시 바늘에 걸어 이번에는 앞의 두 고리를 통과해 빼줍니다. 바늘에는 고리가 두 개 남게 됩니다.

3. 실을 다시 바늘에 걸어 남은 두 고리를 통과해 빼냅니다. 그러면 바늘에는 고리가 한 개 남습니다.

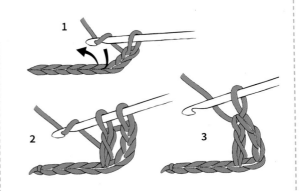

긴뜨기(HTR)

1. 바늘에 실을 건 상태로 바늘 머리를 코에 끼우고, 다시 실을 바늘에 걸어 그 코에서 당겨 뺍니다. 바늘에 고리 세 개가 있을 거예요.

2. 그 상태에서 실을 다시 바늘에 걸어 바늘의 세 고리 사이로 빼줍니다. 그러면 바늘에는 고리가 한 개 남게 되죠.

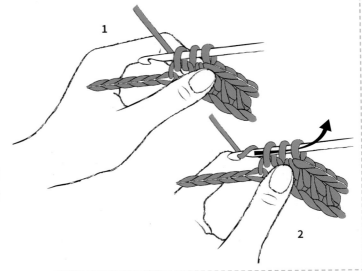

두길긴뜨기(DTR)

1. 그림과 같이 실을 바늘에 두 번 감은 상태로
   바늘 머리를 코에 끼웁니다. 다시 실을 바늘에
   걸고 그 코에서 빼줍니다. 바늘에 고리가 네 개
   남겠죠.

2. 그 상태에서 실을 다시 바늘에 걸어 이번에는
   앞의 두 고리를 통과해 빼줍니다. 바늘에는
   고리가 세 개 남게 됩니다.

3. 그 상태에서 실을 바늘에 걸어 다시 한 번 앞의
   두 고리를 통과해 빼줍니다. 바늘에는 고리가
   두 개 남게 됩니다.

4. 마지막으로 실을 바늘에 걸고, 바늘을 남아
   있는 두 고리 사이로 빼냅니다. 그러면
   바늘에는 고리가 한 개 남게 됩니다.

1

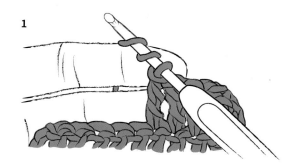

3

2

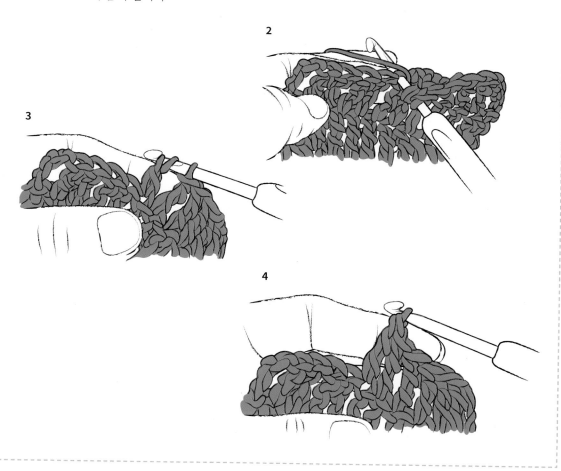

4

평면뜨기

일자형의 단을 만들 때는, 단의 시작 부분에 편물을 돌려서 사슬뜨기를 한 번 해줘야 합니다. 짧은뜨기할 단의 시작 부분에는 사슬뜨기가 한 번 들어갑니다. 패턴에도 표시되어 있으니 걱정 마세요.

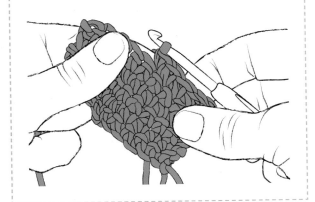

원형뜨기

손뜨개를 굳이 평면뜨기로만 진행할 필요는 없다는 점은 아주 멋져요. 평면뜨기 외에도 원형뜨기로 손뜨개를 할 수도 있죠. 이 책의 많은 패턴이 빼뜨기로 연결하거나 편물을 돌려 사슬뜨기를 하는 등의 과정 없이 계속 이어지는 나선형 단의 형태로 구성되어 있어요.

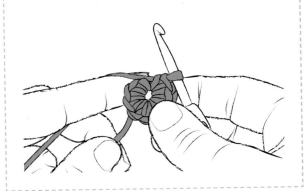

나선형으로 뜨기

이 책에 소개되는 패턴은 대부분 매직링으로 시작하는 나선형 단의 형태로 되어 있죠. 여기에서는 '아미구루미'의 기법을 이용해 뜨개질하는데, 그렇게 하면 빼뜨기 연결이나 편물 돌려 사슬뜨기를 할 필요 없이 나선형으로 계속하여 뜨개질해 나갈 수 있어요. 이런 방식으로 하면 이음매 없이 하나의 원통형 형태를 만들 수 있죠.
각 단의 시작 부분을 나타내기 위해 단을 시작할 때 표식을 남기는 것이 좋습니다.

원형 시작코(매직링) 만들기

아미구루미 기법으로 만드는 형태를 시작하기에
편리한 방법은 '매직링'을 사용하는 거예요.
이것은 일반적인 방법으로 원형뜨기를 할 때
중앙에 보기 흉한 구멍이 남는 것을 방지하면서
원형뜨기를 시작하는 깔끔한 방법이죠. 매직링은
촘촘하고 빡빡한 원단을 만들기 때문에 대개
짧은뜨기 코를 만들 때 활용합니다.

1. 시작코를 잡는 것으로 시작합니다. 그림과
   같이 링을 만들고 그 링 사이로 고리를 빼 올려
   바늘을 걸어줍니다.

2. 링을 팽팽히 조이기 전, 먼저 링 바깥쪽에서
   실을 바늘에 걸어 첫 사슬코를 만들어줍니다.

3. 링 안으로 바늘을 끼운 뒤, 실을 바늘에 걸고
   링 사이로 빼내서 바늘에 고리가 두 개
   생기도록 합니다.

4. 다시 링 바깥쪽에서 실을 바늘에 걸어 두
   고리를 통과해 빼줍니다.

5. 첫 짧은뜨기 코가 생기죠.

6. 앞에 설명된 패턴에서 이와 같이 시작되는
   대부분의 짧은뜨기 코는 이런 방식으로
   진행합니다.

7. 실을 당겨 링을 조인 뒤, 원형뜨기를
   계속 이어 나갑니다.

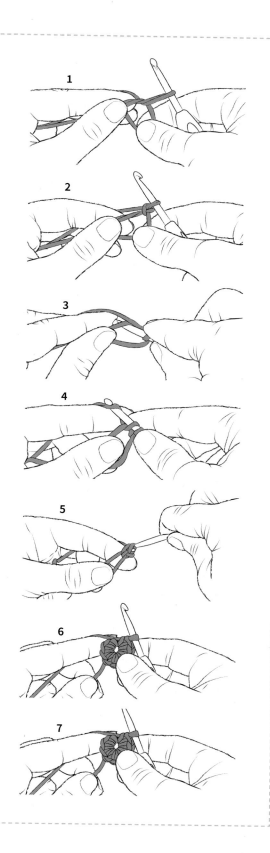

코 늘리기(INC)

한 코를 뜬 다음, 같은 자리에 한 번 더
같은 코를 떠줍니다.

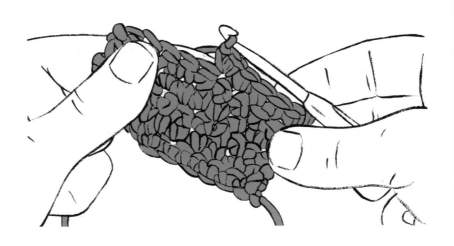

코 줄이기(짧은뜨기 2코 모아뜨기, DC2TOG)

1. 바늘을 진행 방향으로 다음 코에 끼운 상태로
   바늘 머리에 실을 걸어 그 코에서 빼주고, 그
   상태로 그 다음 코에 끼워 다시 한 번 바늘
   머리에 실을 걸어 코에서 빼줍니다.

2. 그러면 바늘에 고리가 세 개 생기는데, 이때
   바늘 머리에 실을 걸고, 고리 3개를 모두
   통과해 빼줍니다.

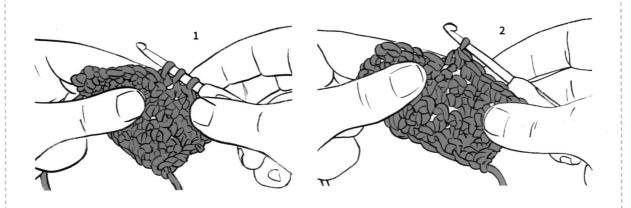

팝콘뜨기(POP)

74쪽의 연성각에서는 팝콘뜨기를 활용합니다.
팝콘뜨기로 우리의 손뜨개 편물에 튀어나온 털실
방울을 표현할 수 있죠.

1. 한 코에 한길긴뜨기 4개를 뜬 다음 마지막
   한길긴뜨기의 고리를 남겨 둔 상태로 바늘만
   빼줍니다.

2. 고리에서 뺀 바늘을 첫 번째 한길긴뜨기의
   머릿코에 끼우고, 그 상태로 그림과 같이
   마지막 한길긴뜨기의 상단에 남겨 둔 고리에
   바늘을 걸죠.

3. 이렇게 고리가 걸린 상태로 첫 번째
   한길긴뜨기 머릿코를 통과해 빼줍니다.

4. 이렇게 편물에서 톡 튀어나오는 팝콘 방울이
   완성됩니다.

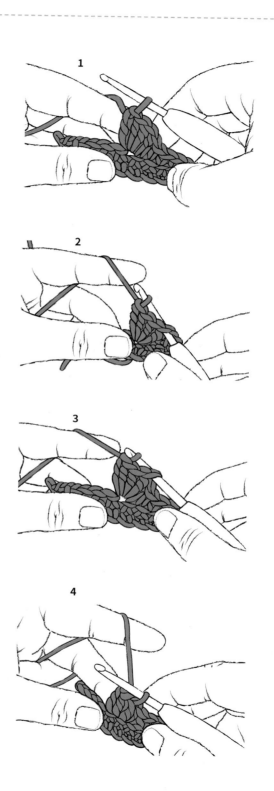

버블뜨기

94쪽의 녹영은 몇 개의 긴뜨기를 한데 끌어
방울을 만든 다음 코의 첫 사슬에 빼뜨기를 하는
방식으로 표현했어요.

1. 앞에 설명된 패턴에 제시된 숫자만큼
   사슬뜨기를 합니다.

2. 첫 번째 사슬코에 긴뜨기 4개를 뜬 다음, 바늘
   머리에 실을 걸어요.

3. 그 상태로 바늘에 있는 고리 5개를 모두
   통과해 빼줍니다.

4. 첫 번째 사슬코에서 빼뜨기합니다.

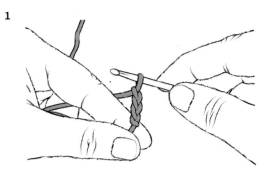

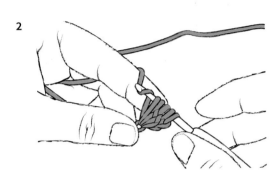

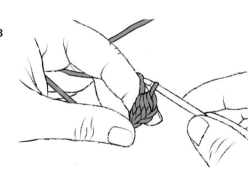

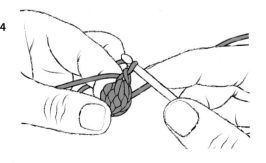

이랑뜨기(TBL)

보통, 손뜨개 바느질은 코 상단의 두 고리 아래로
바늘을 끼우는 방식으로 진행됩니다.
하지만 각 코의 뒤쪽 반 코에만 바늘을 끼워
이랑뜨기를 하면 다른 느낌을 만들어 낼 수 있죠.
이렇게 하면 단을 가로지르는 막대나 이랑이
만들어져요. 저는 이 책의 26쪽의 무릎주와
46쪽의 금호선인장, 70쪽의 황금사 등
여러 프로젝트에 이 기법을 활용했죠.

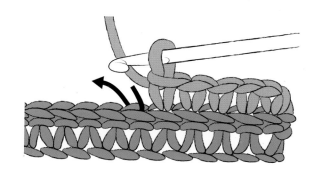

다듬질하기

이제 여러분이 완성한 작품을 튼튼하고 오래가도록 마무리하고
디테일을 살리기 위해 꾸밈을 더하는 방법을 얘기해 보겠습니다.

감침질

감침질로 두 조각의 편물을 붙여 꿰맬 수
있습니다. 실 끝에 매듭을 만듭니다. 돗바늘을
오른쪽 편물의 뒷면에서 찔러 앞으로 뺀 다음
두 조각의 뒷면이 그림과 같이 마주보도록
나란히 놓습니다. 둘 사이의 가장자리를 따라
바늘이 뒷조각으로 나와 앞조각을 지나도록
감아 주고 고른 간격으로 이 과정을 반복합니다.
끝나면 작은 땀이 가장자리를 따라 이어져
두 편물이 하나로 꿰어진 상태가 되죠.

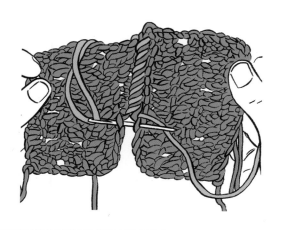

빼뜨기 솔기

손뜨개 조각들을 뒷면이 마주보도록 나란히
놓습니다. 솔기 시작 부분의 양쪽 조각을 모두
통과하도록 바늘을 끼우고, 바늘에 실을 걸어 빼
준 뒤, 사슬뜨기를 합니다. 그런 다음 동시에 양쪽
코를 함께 통과하도록 바늘을 끼워 빼뜨기하는
방식으로 한 단을 떠줍니다.

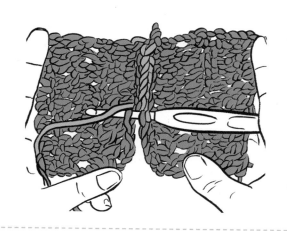

짧은뜨기 솔기

빼뜨기 솔기와 동일한 방법으로 뜨되, 빼뜨기
대신 짧은뜨기를 합니다. 모서리를 진행할
때는 그 부분에 작은 땀을 세 번 꿰어줍니다.

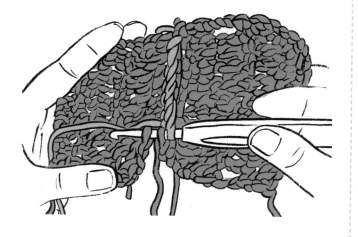

마감하기

코를 잡아 마무리하기 위해 실을 20cm 정도 남겨 두세요. 남은 실은 다음 단에 감출 수 있어요. 저는 늘 실을 앞뒤로 세 번 엮었는지 확인한답니다.

1. 남겨둔 실을 돗바늘에 꿰고 작품 뒷면의 실에 꿰어줍니다. 바늘을 한 방향의 코를 따라 엮은 다음 역방향으로 다시 엮어줍니다.

2. 편물의 첫 이랑 뒤로 바늘을 적어도 5cm 가량 엮습니다. 그런 다음 실 끝을 편물에 가깝게 잘라냅니다.

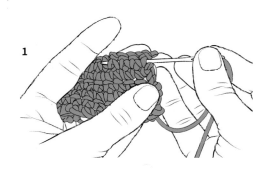

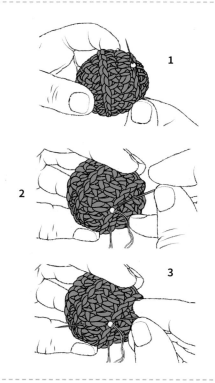

비즈 꿰기

66쪽의 금오모자는 각 잎을 만든 다음 그 표면에 꿰어주는 작은 씨앗 비즈가 특징입니다.

1. 검은색 면실을 선택합니다.
   10~12호 굵기의 가는 비즈 바늘에 실을 꿰어 끝을 매듭지은 뒤, 잎 안쪽을 지나 위로 찔러 올립니다. 잎의 윗부분부터 시작해주세요. 바늘에 구슬을 끼우고 작은 땀을 뜹니다.

2. 그런 다음 바늘을 다시 밀어넣어요.

3. 마지막으로 단 비즈에서 두 코 가량 떨어진 곳에서 다시 바늘을 빼 올립니다. 구슬을 무작위로 배열해야 더 자연스러워 보입니다.

포크를 사용해 방울 만들기

저는 폼폼메이커를 즐겨 사용합니다. 하지만,
우리 책 34쪽의 산페드로선인장이나 114쪽의
가재발선인장 같은 작품에서 선인장의 뾰족뾰족한
꽃을 모사하기 위해서는 훨씬 가늘고 고른 방울이
필요해요. 이럴 때 가장 좋은 방법은 포크를
활용하는 거죠.

1. 실 한 가닥을 약 30cm 길이로 잘라 포크 갈래의
   옆에 놔줍니다.

2. 포크를 실로 15회 정도 돌돌 감습니다.

3. 포크의 옆면을 따라 감은 실을 매듭짓습니다.

4. 매듭지은 반대편의 실 고리들을 잘라요.

5. 실을 다듬어 방울을 고르게 만들어주세요.

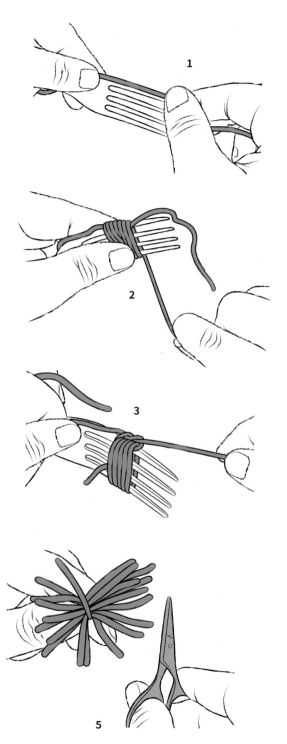

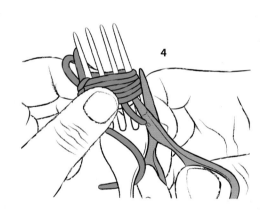

다육이 진열하기

다양한 화분을 사용해서 다육을 진열할 수 있어요. 기본 테라코타 화분부터, 유약을 바른 근사한 화분이나 여러분이 직접 손뜨개한 화분에 담을 수도 있죠. 심지어 오래된 찻잔을 이용해도 괜찮아요. 다육이의 인기가 치솟고 있어서 깜찍한 화분들도 쉽게 구할 수 있습니다. 물론 오래된 잼 항아리를 꾸미며 재탄생시키거나 정원의 빈 화분을 재사용해도 좋죠.

저는 각각 다른 네 가지 방법으로 화분에 손뜨개 식물을 담았습니다. 각각의 화분을 여러분이 원하는 스타일로 자유롭게 선택하세요.

22쪽의 변경주, 34쪽의 산페드로선인장, 66쪽의 금오모자 등의 패턴에서는 흙 부분도 함께 떠주었어요. 그리고 손뜨개한 작품 전체를 기성 화분에 넣기만 하면 끝이죠.

두 번째 방법은 흙을 따로 손뜨개하는 거예요. 오른쪽 그림처럼 갈색 실로 작은 구체를 제작하고 충전재로 속을 채우죠. 그런 다음 손뜨개한 식물을 흙에 꿰어서 화분 안에 넣어주면 됩니다. 다양한 크기의 화분에 담을 흙 패턴은 137쪽에 설명되어 있습니다.

세 번째 방법은 플로랄 폼을 활용하는 거죠. 손뜨개 화분에 화훼용 철사나 나무 꼬치의 한 끝을 찔러 넣고, 다른 끝을 플로랄 폼에 꽂으면 화분에 식물을 고정시킬 수 있어요. 그리고 화강토로 빈 자리를 채우면 그럴싸한 모습이 완성됩니다.

네 번째는 38쪽 애기무을녀와 114쪽 가재발선인장에 사용한 방법인데요. 갈색 펠트를 플로랄 폼에 붙인 뒤, 화분에 끼워 넣어 안정적으로 고정시킵니다. 그런 다음 손뜨개 식물의 긴 줄기 중앙에 있는 철사가 펠트를 통과해 플로랄 폼까지 들어가도록 깊게 찔러 넣어주면 완성이죠.

손뜨개로
흙 만들기

26쪽의 무륜주, 74쪽의 연성각, 82쪽의 난봉옥 등 일부 작품을
진행할 때, 손뜨개한 식물에 흙도 떠서 붙이는 것을 추천합니다.
이것은 다육을 담을 화분을 채우기에 매우 좋은 방법이거든요.

소량의 갈색 DK 실을 사용해 구체를 떠줍니다.
흙으로 쓸 이 구체의 크기는 여러분의
화분에 맞게 조절할 수 있습니다.
지름 6~7cm의 작은 화분과,
지름 8~9cm의 중대형 화분에 맞춰
두 가지 패턴을 적어두었어요.
이 두 패턴 모두 일반 중량인 DK 실을 사용했습니다.

지름 6~7cm 화분에 들어갈 흙

6호 코바늘을 이용하여 매직링을 만듭니다.

1단:	사슬뜨기 1개, 짧은뜨기 6개
2단:	각 코마다 한 코에 짧은뜨기 2개 (총 12코)
3단:	(짧은뜨기 1개, 한 코에 짧은뜨기 2개)*6번 (총 18코)
4단:	(짧은뜨기 2개, 한 코에 짧은뜨기 2개)*6번 (총 24코)
5~12단:	짧은뜨기 24개
13단:	(짧은뜨기 2개, 짧은뜨기 2코 모아뜨기 1개)*6번 (총 18코)

폴리에스테르 충전재로 단단하게 속을 채워주세요.

14단:	(짧은뜨기 1개, 짧은뜨기 2코 모아뜨기 1개)*6번 (총 12코)
15단:	짧은뜨기 2코 모아뜨기 6개 (총 6코)

돗바늘을 이용하여 단의 마지막 짧은뜨기 코를 엮어
구멍을 조여줍니다.
실을 끊어 마무리하고 실을 정리해줍니다.

지름 8~9cm 화분에 들어갈 흙

6호 코바늘을 이용하여 매직링을 만듭니다.

1단:	사슬뜨기 1개, 짧은뜨기 6개
2단:	각 코마다 한 코에 짧은뜨기 2개 (총 12코)
3단:	(짧은뜨기 1개, 한 코에 짧은뜨기 2개)*6번 (총 18코)
4단:	(짧은뜨기 2개, 한 코에 짧은뜨기 2개)*6번 (총 24코)
5단:	(짧은뜨기 3개, 한 코에 짧은뜨기 2개)*6번 (총 30코)
6단:	(짧은뜨기 4개, 한 코에 짧은뜨기 2개)*6번 (총 36코)
7~14단:	짧은뜨기 36개
15단:	(짧은뜨기 4개, 짧은뜨기 2코 모아뜨기 1개)*6번 (총 30코)
16단:	(짧은뜨기 3개, 짧은뜨기 2코 모아뜨기 1개)*6번 (총 24코)
17단:	(짧은뜨기 2개, 짧은뜨기 2코 모아뜨기 1개)*6번 (총 18코)

폴리에스테르 충전재로 단단하게 속을 채워주세요.

18단:	(짧은뜨기 1개, 짧은뜨기 2코 모아뜨기 1개)*6번 (총 12코)
19단:	짧은뜨기 2코 모아뜨기 6개 (총 6코)

돗바늘을 이용하여 단의 마지막 짧은뜨기 코를 엮어
구멍을 조여줍니다.
실을 끊어 마무리하고 실을 정리해줍니다.

손뜨개로
화분 만들기

진열해놓을 손뜨개 다육이를 담을 화분은 사도 좋지만, 집 안 여기저기에 있는 작은 화분을 재활용할 수도 있어요. 그런데 화분을 손수 떠보면 어떨까요? 만약 여러분이 화분을 직접 제작한다면, 자신이 좋아하는 색을 마음껏 선택할 수 있죠. 자연 분해되는 종이 모종 화분에 씌워 만드는 짜임새로 하면 편리해요.

완성 크기

아래 패턴으로 제작하는 화분은 상단의 지름이 6cm,
하단의 지름이 5cm이며, 높이는 6cm입니다.

Note

각각의 화분은 기본 아미구루미 기법을 사용하여 나선형으로 손뜨개합니다.

준비물

평범한 화분을 만들 때

≫ 스타일크래프트 라이프 DK,
75% 아크릴, 25% 울(100g 1볼당
298m): 2448 Bark 컬러 1볼(A)

줄무늬 화분을 만들 때

≫ 리코 에센셜스 코튼 DK, 100% 면
(50g 1볼당 130m):
90 Black 컬러 1볼 (A)
80 White 컬러 1볼 (B)

멋쟁이 화분을 만들 때

≫ 리코 에센셜스 코튼 DK, 100% 면
(50g 1볼당 130m):
14 Fuchsia 컬러 1볼 (A)
80 White 컬러 1볼 (B)

공통 준비물

≫ 3mm(5호) 코바늘

≫ 지름이 6cm인
생분해성 화분 1개

≫ 목공 풀

장력

실이 팽팽하게 당겨지지
않도록 느슨히 잡아주세요.

기본 화분

5호 코바늘과 (A)실을 이용하여 매직링을 만듭니다.

단	내용
1단:	사슬뜨기 1개, 짧은뜨기 8개
2단:	각 코마다 한 코에 짧은뜨기 2개 (총 16코)
3단:	(짧은뜨기 1개, 한 코에 짧은뜨기 2개)*8번 (총 24코)
4~5단:	짧은뜨기 24개
6단:	이랑뜨기 24개
7단:	(짧은뜨기 2개, 한 코에 짧은뜨기 2개)*8번 (총 32코)

단	내용
8~9단:	짧은뜨기 32개
10단:	(짧은뜨기 3개, 한 코에 짧은뜨기 2개)*8번 (총 40코)
11~12단:	짧은뜨기 40개
13단:	(짧은뜨기 4개, 한 코에 짧은뜨기 2개)*8번 (총 48코)
14~18단:	짧은뜨기 48개
19~20단:	이랑뜨기 48개 (총 48코)

실을 끊어 마무리하고 실을 정리해줍니다.

줄무늬 화분

5호 코바늘과 (A)실을 이용하여 매직링을 만듭니다.

단	내용
1단:	사슬뜨기 1개, 짧은뜨기 8개
2단:	각 코마다 한 코에 짧은뜨기 2개 (총 16코)
3단:	(짧은뜨기 1개, 한 코에 짧은뜨기 2개)*8번 (총 24코)
4~5단:	짧은뜨기 24개
6단:	이랑뜨기 24개
7단:	(짧은뜨기 2개, 한 코에 짧은뜨기 2개)*8번 (총 32코)
8~9단:	(B)실로 바꿔서 짧은뜨기 32개
10단:	(A)실로 바꿔서 (짧은뜨기 3개, 한 코에 짧은뜨기 2개)*8번 (총 40코)

단	내용
11단:	짧은뜨기 40개
12단:	(B)실로 바꿔서 짧은뜨기 40개
13단:	(짧은뜨기 4개, 한 코에 짧은뜨기 2개)*8번 (총 48코)
14~15단:	(A)실로 바꿔서 짧은뜨기 48개
16~17단:	(B)실로 바꿔서 짧은뜨기 48개
18단:	(A)실로 바꿔서 짧은뜨기 48개
19~20단:	이랑뜨기 48개 (총 48코)

실을 끊어 마무리하고 실을 정리해줍니다.

멋쟁이 화분

5호 코바늘과 (A)실을 이용하여 매직링을 만듭니다.

단	내용
1단:	사슬뜨기 1개, 짧은뜨기 8개
2단:	각 코마다 한 코에 짧은뜨기 2개 (총 16코)

완성해봅시다

종이 화분의 바깥 면에 목공 풀을 발라줍니다. 손뜨개 화분이
종이 화분 상단까지 완전히 감쌀 수 있도록 조심스럽게
덮어씌웁니다. 풀이 마를 때까지 그대로 두세요.

단	내용
3단:	(짧은뜨기 1개, 한 코에 짧은뜨기 2개)*8번 (총 24코)
4~5단:	짧은뜨기 24개

이 이후의 단에서는 두 가지 색의 실을 번갈아가며
손뜨개합니다. 코를 뜨면서 사용하지 않는 실을 만드는
코 안에 잡아 주고 진행할 수 있게 진행 방향 위로 올려
줍니다.

단	내용
7단:	((A)실 짧은뜨기 3개, (B)실 짧은뜨기 3개)*4번 (총 24코)
8단:	((A)실 짧은뜨기 2개, 한 코에 짧은뜨기, (B)실 짧은뜨기 2개, 한 코에 짧은뜨기)*4번 (총 32코)
9~10단:	((A)실 짧은뜨기 4개, (B)실 짧은뜨기 4개)*4번 (총 32코)
11단:	((A)실 짧은뜨기 3개, 한 코에 짧은뜨기, (B)실 짧은뜨기 3개, 한 코에 짧은뜨기)*4번 (총 40코)
12~15단:	((A)실 짧은뜨기 5개, (B)실 짧은뜨기 5개)*4번 (총 40코)
16~17단:	(B)실은 실을 끊어 마무리하고 각 단마다 (A)실로 짧은뜨기 40개씩 진행합니다.
18~19단:	이랑뜨기 40개

실을 끊어 마무리하고 실을 정리해줍니다.

Index

코바늘 다육이

초판 1쇄 발행일 2021년 2월 9일
초판 2쇄 발행일 2023년 3월 29일

지은이 엠마 바남
옮긴이 송민경

발행인 윤호권
사업총괄 정유한

발행처 ㈜시공사 **주소** 서울시 성동구 상원1길 22, 6-8층(우편번호 04779)
대표전화 02-3486-6877 **팩스(주문)** 02-585-1755
홈페이지 www.sigongsa.com / www.sigongjunior.com

글 ⓒ 엠마 바남, 2021

ISBN 979-11-657-9417-0 13590

*시공사는 더 나은 내일을 함께 만들 여러분의 소중한 의견을 기다립니다.
*미호는 아름답고 기분 좋은 책을 만드는 ㈜시공사의 실용 브랜드입니다.
*잘못 만들어진 책은 구입하신 곳에서 바꾸어 드립니다.